普通高等教育“十一五”国家级规划教材

中国轻工业“十三五”规划教材

Interior Enviromental Design

The 2nd Edition

室内环境设计

（第2版）

王东辉　李健华　邓　琛　编著

中国轻工业出版社

图书在版编目（CIP）数据

室内环境设计 / 王东辉，李健华，邓琛编著. —2版.
—北京：中国轻工业出版社，2021.12
ISBN 978-7-5184-1966-1

Ⅰ. ①室… Ⅱ. ①王… ②李… ③邓… Ⅲ. ①室内装
饰设计 Ⅳ. ①TU238. 2

中国版本图书馆CIP数据核字（2018）第101560号

责任编辑：徐 琪 秦 功　　责任终审：孟寿萱　　整体设计：锋尚设计
策划编辑：王 淳　　责任校对：吴大朋　　责任监印：张 可

出版发行：中国轻工业出版社（北京东长安街6号，邮编：100740）
印　　刷：艺堂印刷（天津）有限公司
经　　销：各地新华书店
版　　次：2021年12月第2版第3次印刷
开　　本：889×1194　1/16　印张：9
字　　数：300千字
书　　号：ISBN 978-7-5184-1966-1　定价：49.50元
邮购电话：010-65241695
发行电话：010-85119835　传真：85113293
网　　址：http://www.chlip.com.cn
Email：club@chlip.com.cn
如发现图书残缺请与我社邮购联系调换
211437J1C203ZBW

前言 PREFACE

随着中国经济的高速发展和人们生活水平的日益提高，室内环境设计的概念已不仅仅是满足于一般的功能需求和装饰设计，它已成为连接精神文明与物质文明的桥梁，人类寄希望于通过室内设计来改造建筑内部空间，改善内部环境，提高人类生存的生活质量。正如加拿大著名的建筑师阿瑟·埃利克森所说的："环境意识就是一种现代意识"。

由于人们生活和工作的大部分时间是在建筑内部空间度过的，所以室内环境设计与人们的日常生活关系最为密切，在整个社会生活中扮演着十分重要的角色，同时室内环境设计水平也直接反映出一个国家的经济发达程度和人民的审美标准。

当前人类迫切希望通过室内生态设计来改造建筑内部空间环境，提高人类生存的生活质量和幸福指数。所以，环境艺术专业的室内设计课程，也应紧跟时代发展和社会需求，在教材建设上从生态和可持续发展的角度进行更新完善，建立室内生态环境设计教学体系，这便是本次《室内环境设计》重新修订的目的。

本次修订作了较大的增删，补充了部分章节的生态设计相关内容，吸收了很多当前环境艺术设计新的学术成果，旨在以新世纪室内生态环境设计理念为主导思想，站在艺术与科学相结合的理论高度，根据环境艺术专业学生的学习特点，从教与学的特殊视角，用系统的理论知识，开启学生的室内环境创造能力和艺术设计思维能力。希望该教材能成为艺术设计院校环境艺术专业学生和从事环境艺术设计的从业人员的一本系统的专业参考书。

本书第一、二、三、四章和第十二章的前三节由王东辉编写，第五、六、七、八章由李健华编写，第九、十、十一章和第十二章的后两节由邓琛编写。全书由王东辉负责最后修改定稿。由于编写时间仓促，加之水平所限，不当之处在所难免，诚望专家读者斧正。

感谢中国轻工业出版社的大力支持和帮助！

本书在编写过程中吸收了当前部分专家学者的理论成果，在书中尾页已注明参考书目。所引用的插图除注明出处外，有些图片是近几年搜集的教学图片，已难以写出资料的来源，有些图片是作者在室内设计课程教学中学生作业设计案例，在此向所有的原作者，表示诚挚的谢意！

王东辉

2018 年 5 月于山东济南

注：本书新修订增加的生态设计教学内容为 2016 年山东省专业学位研究生教学案例库立项建设资助项目"《环境艺术工程实践》教学案例库"的阶段性研究成果；本书作者为齐鲁工业大学（山东省科学院）艺术设计学院教师。

目录
CONTENTS

第一章

室内环境设计概论

PPT 课件，请在计算机上阅读

第一节　室内环境设计的基本美学特征

一、室内环境设计的基本定义

室内环境设计是一门综合的设计学科，它涉及的学科范围极广，它与建筑学、人体工程学、环境心理学、设计美学、史学、民俗学等学科关系极为密切，尤其与建筑学更是密不可分，在某种意义上说，建筑是整个室内环境设计的承载体，室内空间环境设计活动的发生都离不开建筑物。室内环境设计是在建筑设计完成原形空间的基础上，进行的设计再创造。目的是把这种原形内部空间，通过功能性与审美需求的设计创造，获得更高质量的人性化空间。

二、室内环境设计是文化艺术与科学技术的统一体

室内环境艺术设计从设计构思、结构工艺、构造材料到设备设施，都是与时代的社会物质生产水平、社会文化和精神生活状况相联系的。另一方面，就艺术设计风格来说，室内环境艺术设计也与当时的哲学思想、美学观点、经济发展等直接相关。从微观的、个别的作品来看，设计水平的高低、施工工艺的优劣不仅与设计师的专业素质和文化修养等有关系，而且与具体的施工技术、管理、材料质量和设施配置等情况，以及各个方面（包括业主、建设者、决策者等）的协调关系密切相关。一个人的一生绝大部分生活在室内空间中，在这个与人朝夕相处的环境中，人的生理和心理都会通过室内环境的各种界面设计、空间规划、色彩设计、光影设计、装饰材料运用、家具陈设设计等具体

的设计内容来获得审美与实用的满足。在整个室内环境的设计活动中，一步都离不开科学技术的支持，比如：光的照度舒适与否，材质的环保性能和指数、人体工学的科学测算数据等，一套优秀的设计方案最终是靠各种科学的施工程序来展示出来的，所以说室内环境设计不是纯欣赏的艺术，是服务于人类的实用设计艺术，是文化艺术与科学技术的统一体。

三、室内环境设计是理性的创造和设计审美的表现

室内环境设计是理性的创造和装饰审美设计的表现过程。室内环境设计是一项设计过程严谨、设计程序科学、设计内容涵盖面较大的一项设计活动。在设计的过程中，设计师不能只根据自己的审美情结和艺术形式与风格的喜好来设计创作，要冷静理性地根据特定室内环境和不同的功能要求来进行科学的设计定位，时刻站在空间环境使用者的角度来把握设计的内容与审美形式。

室内环境设计方案的形成是将所有设计的内、外因素经过设计师的理性分析与整合，然后再通过人性化的设计理念、装饰形式语言的提炼、装饰材料的选择，把很多程式化的空间设计形态和观念根据建筑室内空间具体的功能要求进行调整、裁剪、重组，然后形成一套完整的、功能与形式相统一的设计方案，最终通过施工完成室内环境完美的表现境象。

四、室内环境设计是功能与审美的统一体

室内环境设计的发展也是审美历程的发展，从一开始的以满足居住为主要功能的内部环境设计发展到今天人们要求设计一个对人的生理和心理都能带来审美愉悦的室内空间环境，其中的审美主体和客体发生的变化，正是体现着社会的不断进步和人们对设计人性化的需求。所以，新世纪的室内环境设计要求设计师把握住功能与审美这两大主题。

室内环境设计中最重要的设计概念是要把握住设计方案的实用功能要求，形式追随功能永远是设计的基本原则，但是随着人们生活质量的提高，在当今社会生活中不同空间的人们对室内空间环境的各个方面，如空间的划分、色彩的运用、材质的环保与生态、灯光的舒适等都提高到审美的高度来要求设计师给使用空间的人们带来生理和心理的审美愉悦。所以说，现代室内环境设计不只是给人们设计一个居住和消费的机器空间，更重要的是设计一个实用与审美高度统一的室内空间，环境艺术设计师应该是建筑空间创造美感的使者，这一点正是室内设计区别于其他设计专业的美学特点。

五、室内环境设计的中心原则是“以人为本”

室内设计师应树立以“人”为中心的设计原则，要充分满足室内环境的使用者（审美主体）的审美要求。研究审美主体的意志、性格、趣味、审美心理等因素，这应是室内环境设计的中心原则，也是室内环境设计的基本美学特征之一。

室内环境设计的目的是创造高品质的生活与工作空间、高品位的精神空间和高效能的功能空间。作为空间的使用者——人便显得尤为重要，人的活动决定了空间的使用功能，空间的品质体现了人的需求和层次。

“以人为本”实际上就是提倡人性化的设计，因为现代社会每天都会出现新的知识，新的材料，新的施工工艺，设计的用户也会不断有新的要求，人类的精神关怀和审美要求也在不断的细腻化，所以人性化设计应该落实在具体的细节设计上而不应该只停留在口号上。比如，室内空间环境使用的舒适程度、人体工程的把握、空间布局以及材料的运用，包括色彩、光线等安排，都应按人的生理和心理要求来考虑。不同的空间也应根据不同的使用功能来设计，不能只看重形式是否美观，更重要的是要满足人的使用功能和亲和功能。

第二节　室内环境设计形式美原理

一、“对比与统一”的控制律

目前，在室内环境设计领域中，设计师常常感到一种困惑，就是当众多的设计元素和形式美法则摆在面前时，如何适度地运用各种法则来构成设计的整体美是一个重要的问题。万事皆有“度”，实现“整体美”关键在于掌握“变化与统一”的“控制律”，换言之，即“大统一、小变化”的设计原理。

变化与统一是对立统一规律在艺术设计中的应用，是整个艺术门类创作的指导性原则。室内设计中，在运用各种设计形态语言进行设计时，到底变化元素的成分占得多，还是统一的元素成分占得多，两者的比例达到何种控制比率，才能达到室内空间的和谐美观，才能达到审美适度与“恰到好处”？这是室内环境设计要掌握的设计美学原理的核心问题。

二、室内环境设计的形式美表现

形式有两种属性：一种是内在内容，一种是事物的外显方式。室内环境设计中所运用的形式美法则就属于第二种属性的体现。

1. 适度美

室内设计中适度美有两个中心点：一是以审美主体的生理适度美感为研究中心，另一个是以审美主体的心理适度美感为研究中心。从人的生理方面来看，人类从远古时代缓慢地发展到文明时代，经验的积累使人们逐渐认识到人的直接需要便是度量的依据。室内环境中只有人的需要和具体活动范围及其方式得到满足，设计才有真正意义。正因如此，才出现了“人体工程学”，该学科经过测量确定人与物体空间适度的科学数据法则，来实现审美主体的生理适度美感。从人的心理方面来看，室内环境设计主要研究心理感受对美的适度体验，比如，室内天棚设计的天窗开设，让阳光从天窗中照射进来，使跨度很深的建筑透过小的空间得到自然阳光的沐浴，使人们在心理上不仅不感到自己被限制在封闭的空间里，潜在的心理反应让人感到房间与室外的大自然同呼吸，心理上有了默契。这种微妙的心理感受，正是设计师所要格外认真研究的适度美感问题。适度美在室内环境设计形式美法则的运用中居核心地位。

2. 均衡美

室内设计运用均衡形式表现在四个方面：形、色、力、量。设计师在室内设计中对均衡形式的不同层次的整合性挖掘是创造均衡美感的关键。

形的均衡反映在设计各元素构件的外观形态的对比处理上，如室内空间中家具陈设异形同量的均衡设计。色彩的均衡重点还表现在色彩设置的量感上，如室内环境色调大面积采用浅灰色，而在局部陈设上选用纯度较高的色彩，即达到了视觉心理上的均衡。力的均衡反映在室内装饰形式的重力性均衡上。如室内主体视感形象，其主倾向为竖向序列，一小部分倾向横向序列，那么整个视感形象立刻会让人感受到重力性均衡。量的均衡重点表现在视觉面积的大与小上。如内墙可看作面形，上面点缀一幅装饰小品可看作点形，这个点形在面形的衬托下成为审美者的视点，如果在同一内墙上再点缀上另外一个点形装饰物，这时两个点形由于人的视线不同会出现相互牵拉的视觉感受，暗示出一条神秘的隐线。这条隐线便是产生均衡美感的视觉元素。所以，设计师在室内环境设计中对均衡形式美的研究，将会使设计语言在室内各个界面组合表现中，呈现动态的设计审美效应。

3. 节奏与韵律美

室内设计中的节奏与韵律美是指美感体验中生理与心理的高级需求。节奏就是有规律的重复，节奏的基础就是有规则的排列，室内设计中的各种形态元素如门窗、楼梯、灯饰、柱体、天棚的图案分割等有规律的排列，即产生节奏美感。韵律的基础是节奏，是节奏形式的升华，是情调在节奏中的运用。韵侧重于变化，律侧重于统一，无变化不得其韵，无统一不得其律。节奏美通过室内设计语言形态的点、线、面的有规律的重复变化，在形的渐变、构图的意匠序列、色彩的由暖至冷、由明至暗、由纯至灰及不同材质肌理的层次对比等方面具体体现出来。这种体现直接的反馈到审美主体的心理和视觉感受中。如果说，节奏是单纯的、富于理性的话，那么，韵律则是丰富的、充满感情色彩的。

第三节　室内环境设计的表达特征

一、目的性和功用性表达

室内环境设计首要的问题是正确的表达其空间的设计目的和其功用性。接受一个室内设计项目，首先要充分地了解该项目室内空间环境所承载的功用目的，家居空间是家人用来生活团聚的，商场的室内空间是满足不同阶层人们消费购物的，酒店是满足用餐、住宿的，写字楼是提供办公工作环境的等，这些室内环境都有明确的功用目的和使用要求，设计师只有在设计方案开始创意构思时，做好充分的调查研究，进行设计概念的宏观定位，才能为下一步的设计深化打下坚实的基础。

室内环境设计目的是使建筑内部空间的功能和目的性得以合理体现和利用，要满足人们对环境的使用要求既包括基本的需求，从物质的层面符合功能要求的需求，又包括对室内环境更高的审美要求，即从精神层面对心理要求、情感要求、个性要求的满足。为人们提供安全、舒适、美观的工作与生活环境是室内环境设计目的性和功用性的具体表达要求。一个设计方案的形成过程，也是设计师挖掘和表达室内特殊功能目的的心路历程。

二、室内环境设计语言的表达

设计师水平的高低只有通过设计语言的熟练表达，才能具体体现出设计的创意与构思。设计语言的具体内容就是利用各种点、线、面设计元素，通过形式美法则的具体运用，将造型、材质、色彩、光影、陈设、家具等表达在各个室内空间的虚实界面中。

设计语言的表达就是在室内环境设计中把功能形式、结构形式和美学形式，从大脑中的意念变为集成体的设计符号，通过一系列意象关联的多义而高度清晰的抽象或具象符号，在设计图上完整地表达出来。

一个设计师除了能够在室内空间的各个界面中，熟练自如地打散与组合各种设计语言元素，来表现出自己的美妙构思，重要的是要在艺术设计素养上多下功夫，在各种艺术设计门类中汲取营养，艺术形式语言是相通的。室内环境设计语言表达的越精练到位，室内空间环境的设计美感就越被审美者所感知。

三、技术性表达

室内环境设计总是根植于特定的社会环境，体现着特定的社会经济文化状况。科学的发展在影响了人们的价值观和审美观的同时，也为室内环境设计的技术革新提供了重要的保障。室内环境设计总是要以新材料、新施工工艺、新结构构成以及创造高品质物理环境的设施与设备，创造出满足人们生理和物质要求的高品质生活环境，以适应人们新的价值观与审美观。

我国科技的迅速发展使室内环境设计的创作处于前所未有的新局面，新技术极大地丰富了室内环境设计的表现力和感染力，创造出了各种新的设计与施工的表达形式，尤其是新型建筑装饰材料和室内结构建造技术以及国外室内智能设计的新发明，都丰富了室内环境设计的形式与内容的表现力。所以说，作为环境艺术设计专业学生应该以空前的热情，学习和掌握建筑室内设计的新技术、新方法、新工艺，在设计方案中作出充分表达。

四、室内环境设计的人性化表达

人性化设计体现在以人的尺度为设计依据，协调人与室内的关系。彻底改变从前“人适应环境”的状况，使室内设计充分满足人们对室内环境实用、经济、舒适、美观的需求。

人性化的设计很多是体现在设计细节上的，室内空间使用的舒适程度、尺度的把握、空间布局以及材料的运用，包括色彩、光线等安排都应按人的生理和心理来考虑。不同的空间也应根据不同的使用功能来设计，现在有些设计师不管商业空间还是家庭住宅空间都注重的是设计样式，看重形式是否美观，忽略了人性的需求这一本质问题，没有真正区分什么是设计，什么是艺术，设计并不是艺术。实用、经济、美观是设计的三要素，它更重要的是满足人的使用功能，因此，设计师要牢牢树立以“人”为中心的设计理念，这个“人”字，不仅仅是设计师自己理念上审美情结的表现与宣泄，更重要的是指满足室内环境的使用者审美要求。认真研究室内空间使用者的意志、性格、趣味、审美心理等因素，这一点应该规范和约束着室内设计创造的构思与完成。另外，设计师之所以表达不出人性化的设计，还与平时的实践有很大关系，如果没有亲身体会过卡拉OK，就不会知道这个空间需要些什么东西，这些东西怎么放，放在哪儿对人更合适等。如果没有这些体会就只有把别人做完的式样搬过来用，哪里谈得上设计人性化的关怀与表达呢?

第四节　室内生态环境的相关设计理念

一、室内生态环境的系统整体性

室内生态设计研究是基于环境艺术设计与生态美学相结合背景下而进行的，室内生态环境设计是置于整个地球之上的以建筑为载体的生态系统之一。作为生态系统的一个子系统，它受到系统整体的制约，同时又对整个生态系统产生影响，它与生态系统中的其他子系统一起共同维系着整个生态系统的健康发展。室内环境生态系统整体涵盖以下三个层面。

1．室内生态环境与建筑的整体关系

作为建筑重要组成部分的室内生态环境设计，二者是一种相辅相成的整体关系，建筑的结构形态决定着室内空间的设计造型形态，建筑本体空间与室内生态环境的整体统一关系，永远都是环境设计重点考虑的问题。

2．室内生态环境与自然因素的整体关系

把自然因素引入室内不仅是为了生态的意义，更重要的是强调室内外互相融合的统一整体关系。自然因素包括自然资源如天然材料或以自然物质为原料的建材等。在室内环境设计中使用天然材料的“绿色饰材”与传统材料相比具有无污染、可再生、节能性等特征，也可以减少室内甲醛等有害物质，所以，室内生态环境设计离不开与自然因素的融合，是一个有机的室内生态环境整体系统。

3. 室内生态环境与室内各要素之间的整体统一关系

室内生态环境设计与人的关系最为主要，而人与生态环境的关系取决于人的两个方面的生态感受：一是生理生态感受，如家具陈设的人体工程学数据特征、室内空气品质、室内照明、防燥、温湿度等对人体的物理性影响；二是心理的生态设计，如色彩、肌理、节奏、韵律、形式等对人的心理产生的生态影响，生态设计离不开上述两个方面，人与各项物理指标和心理因素的整体协调，任何将室内环境与各种要素之间的割裂都是不可取的。

二、室内环境“绿色设计”和“绿色消费”

关注绿色设计，倡导绿色消费是当今室内环境设计中生态性的具体概念定位。

1.“绿色设计”

绿色设计（Green Design）又称生态设计（Ecological Design）、面向环境的设计（Design for Environment）等，是指借助产品生命周期中与产品相关的各类信息（技术信息、环境协调性信息、经济信息），利用并行设计等各种先进的设计理论，使设计出的产品具有先进的技术性、良好的环境协调性以及合理的经济性的一种系统设计方法。

对室内设计而言，绿色设计的核心是“3R”，即Reduce、Recycle和Reuse，不仅要尽量减少物质和能源的消耗、减少有害物质的排放，而且要使产品及零部件能够方便地分类回收并再生循环或重新利用。绿色设计不仅是一种技术层面的考量，更重要的是一种观念上的变革，要求设计师放弃那种过分强调产品在外观上标新立异的做法，而将重点放在真正意义上的创新上面，以一种更为负责的方法去创造产品的形态，用更简洁、长久的造型使产品尽可能地延长其使用寿命。

室内环境中的绿色设计包括三个方面：一是绿色环保设计，即设计时将环保、生态要求作为设计的基础；二是使用既不会损害人的身体健康，又不会导致环境污染和生态破坏的健康型、环保安全型的室内装饰材料；三是绿色施工，不随意破坏房屋框架结构，不浪费资源，施工过程中不污染环境，使室内设计更贴近自然，把室内能源利用和审美景观的创造，都能达到一个新的高度。

2.“绿色消费”

绿色消费对于室内环境生态设计具有三个层面的意义：一是倡导消费者在消费时选择未被污染或有助于公众健康的绿色产品和绿色建材；二是在消费过程中注重对垃圾的处置，不造成环境污染；三是引导消费者转变消费观念，崇尚自然、追求健康，在追求生活舒适的同时，注重环保、节约资源和能源，实现可持续消费。

三、室内生态环境的文化观、价值观

中国道家“天人合一”的观念，强调人与自然的协调关系，强调人工环境与自然环境的渗透和协调共生，就是生态思想的很好体现。

假如说室内设计能够体现“天人合一”审美理想的话，那么，室内环境的“氛围”便是最恰当的传达方式。在设计中应贯穿生态思想使室内环境设计有利于改善地区局部小气候，维持生态平衡。现代科技的发展，新材料、新技术、新工艺的应用，配以不同的设计风格，使人们对室内环境各种气氛的心理需求愿望开始变为现实。人类在追求具有较高文化价值和审美意境、层次的各种风格室内空间环境氛围的趋势下，工业文明带来的环境问题，导致了环境意识中对自然的青睐崇尚，与自然融合、沟通的天人合一审美理想的追求，表现在对室内环境氛围自然化的心理需求上面。这种审美理想，同时也是一种文化价值的追求体现。设计光照充足、光影变化丰富的室内光环境，既拓宽了视觉空间，也构成了室内环境与外部自然环境的渗透交融；以自然色彩为基调的室内装饰环境，配以生态植物、动态流水、假山鱼鸟等自然景观，可让人通过视、听、触、嗅觉产生心理联想与审美情感，恍若置身于大自然之中，进入轻松超脱，天人合一的精神境界。在质、形的设计选择方面，选取木、石、竹、藤、棉、丝等天然或合成材料做室内界面、陈设用料，不仅在于它们的“绿色”特性，更在于其具有的自然肌理、色彩、质感、触感给人带来对于自然的丰富想象和审美需要；室内环境中各类装饰、陈设部件的结构形态，经艺术加工处理，制造具象或抽象自然效果，比之那些烦琐、机械呆板的造型更具人情味和亲切感。因此，光色形质与自然景观巧妙结合的自然化处理，是形成良好室内生态环境和自然意境氛围，满足当代人类天人合一审美思想的重要设计手段。

人的审美意识在社会活动中随着时代的进程而发展，新装饰材料的诞生、新技术的发展，改变着人们的审美取向，引领着设计思潮。把生态意识注入整体设计理念中，使环境设计生态化，探求环境、空间、艺术、生态的相互关系，研究新的设计思路、方法，是当今室内生态环境设计发展方向。

第五节　室内生态设计基本原理

一、室内设计与环境协调

尊重自然、适应自然是生态设计最基本的内涵，对环境的关注是生态室内设计存在的根基。与环境协调原则是一种环境共生意识的体现，室内环境的营建及运行与社会经济、自然生态、环境保护的统一发展，使室内环境融合到地域的生态平衡系统之中，使人与自然能够自由、健康地协调发展。回顾现代建筑的发展历程，在与室内环境的关系上，人们注意较多的仍是狭义概念上的与室内环境协调，往往把注意力集中在与室内环境的视觉协调上，如室内结构形态的体量、尺度之间的协调，而对于室内环境与自然之间广义概念上的协调，却并没有足够的重视，在这些表面视觉上的和谐背后，却往往隐藏着与大自然不和谐的一面，如没有任何处理的污水随意排放，使清澈的河流臭气四溢，厨房的油烟肆虐，污染周围空气，娱乐场所近百分贝的噪音强劲震撼，搅得四邻无法安睡等，所有这些都是与生态原则格格不入的。

二、室内环境体现“以人为本”

人的需求是多种多样的，概括来说是生理上的和心理上的需求，对于建筑室内环境来说其要求也有功能上和精神上的需求，所以影响这些需求的因素是十分复杂的。因此，作为与人类关系最为密切，为人类每日起居、生活、工作提供最直接场所的室内环境直接关系到人民的生活质量和幸福指数。“以人为本”并不等于“以人为中心”，也不代表人的利益高于一切。根据生态学原理，地球上的一切都处于一个大的生态体系之中，它们彼此之间相互依存，相互制约，人与其他生物乃至地球上的一切都应该保持一种平衡的关系，人不能凌驾于自然之上。虽然追求舒适是人类的天性，但是实现这种舒适条件的过程却是要受到整个生态系统制约的。“以人为本”必须是适度的，是在尊重自然原则制约下的“以人为本”。生态室内环境设计中对使用者利益的考虑，必须服从于生态环境良性发展这一大前提，任何以牺牲大环境的安宁来达到小环境的舒适的做法都是不可取的。

三、室内设计应动态发展

可持续发展概念就是一种动态的思想，因此生态室内设计过程也是一个动态变化的过程，建筑始终持续的影响着周围环境和使用者的生活。这种动态思想体现在生态室内设计中，具体体现在室内设计要留有足够的发展余地，以适应使用者不断变化的需求，包容未来科技的应用与发展。毕竟室设计内的终极目的是更好地为人所用，科技的追求始终离不开人性，我们必须依靠科技手段来解决及改善室内环境，使我们的生活更加优越，同时又有利于自然环境的持续发展。

第六节　室内环境的设计思维

一、室内环境设计思维过程

室内环境设计是一项立体设计工程，掌握科学的设计思维方法是完成设计整体方案的重要保证。在一般学科的思维过程中，把思维方式常分为抽象思维与形象思维。而室内环境设计的思维即属于形象思维中最高层次的思维方式。室内环境设计的思维方法有其明确的特殊目的性，从有意识的选取独特的设计视角进行功能与形式表现的概念定位，到综合分析与评价设计方案中各环境要素，从对历史文脉与文化环境的思考与表达，到如何通过施工工艺完美体现出设计创意思想的一系列思维过程，一步一步的设计出具有美感意蕴的室内空间环境。

1．对室内环境的综合分析与评价

一个设计师接到室内设计任务时，首先应该对该室内环境设计内容进行综合分析与评价。明确室内设计任务与具体要求，在展开创意定位之前要对室内设计要求的使用性质，功能特点、设计规模、等级标准、总造价等进行整体思考，同时要熟悉有关的设计规范和定额标准，收集分析必要的设计信息和资料，包括对现场的勘察以及对同类功能空间的参观等，这些内容都是完成设计方案过程中设计思维的组成部分。

2．对室内环境形态要素的分析

室内设计是一门观念性较强的艺术，更是一种艺术形态要素的表现艺术，其设计思维程序要遵循整体—局部细节—整体的思路，把空间环境内每一设计形态要素（造型、色彩、材料、构造、灯光、尺度、风格）有机的协调起来，很多设计师往往只重视空间界面体的经营和装饰观念的表达，却忽视了同一空间下的许多设计元素的内在统一和呼应，而恰恰是这些设计要素的内在联系，才能创造出整体、和谐的内部空间。

3．对历史文脉和人文环境的分析

设计师一定要把握住时代的脉搏和民族的个性。室内设计既要有时代感，又要兼有民族性和历史文脉的延续性，同时要对室内人文环境进行深入的研究与分析，以独特的眼光进行创意和设计，创造出具有鲜明个性和较高文化层次的室内环境。

人文环境所涉及的方面不仅是要满足人类对室内空间遮风挡雨、生活起居的物质需求，而且还要满足人类对心理、伦理、审美等方面的精神需求。因此室内设计的人文环境发展表现了一个时代文化艺术的风貌和水准，凝聚了一个时代的人类文明，它既是一种生产活动，又是一种文化艺术活动。所以说，在室内环境中对人文环境表现的到位与否也同时决定了设计结果的文化品位的差异性。

4．整体艺术风格与格调的设计思维

艺术风格是由室内设计的审美“个性”决定的。“个性”的表现，意在突出设计表现形式的特殊性，风格并不单单是“中式风格”或“欧式风格”的简单认定，在优秀的设计师看来，风格是把设计者的主观理念及设计元素通过与众不同的形式表现出来，其色彩、造型、光影、空间形态都能给人们以强烈的视觉震撼和心灵感动。

艺术格调是由室内设计的文化审美品位决定的。对“格调”表现的思考，应重点放在设计文化的表现上，仅仅满足一般功能的室内设计很难体现出设计的品位来。在设计中，有时墙面上一幅抽象装饰画与室内现代几何体型的陈设家具呼应协调，就会映照出高雅的审美情调。有时一面圆形的传统窗棂与淡然陈放在墙立面的古色古香的翘头案，在月光的洒照下，好像能给人娓娓诉说着时光的故事，让人产生美妙遐想，这种审美的体会，就是设计师高品位的设计文化格调的体现。

5．装饰内容与形式表现的设计思维

装饰内容是空间功能赖以实现的物质基础，要通过形式美法则的归纳与演绎将其以符合大众审美趋向的设计形态表现出来。两者的完美结合，才能最终完成设计效果的表现。设计内容与形式的表现是上一阶段思维过程的延伸，是对室内设计所有信息、物质形态以及对各种功能特征作出细心的分析和综合处理后，把它们集合起来通过不同的形式表现出来的设计过程。

6．科学技术性的设计思维

室内设计是受技术工艺限制的实用艺术学科，它是围绕着满足人的心理和生理的需求展开的。比如，装饰材料的性能参数、空间范围与形态造型尺寸的确定、比例的分割、工艺的流程、结构的稳固等，都要有科学的依据。室内环境设计就是要在有限的空间和技术制约下，创作出无限的装饰美感空间环境。

二、培养原创性设计思维方式

目前有种倾向，在室内设计教学中不论是实际投标设计方案还是命题设计方案的设计训练，学生多采用以“模仿—归纳—整合”的设计思维方式进行设计，即根据设计题目，大量翻阅资料，然后根据自己的大体设计思路归纳出适合自己的表现形式，把资料中适合自己的表现形式和方法进行重新整合，完成整套设计方案。学生这种创作思路虽然不能全盘否定，但毕竟不是艺术设计创造性思维的科学方式。室内设计的教学目的，是培养学生的开拓性原创性设计思维，挖掘创造性和个性的表达能力，让学生把关注的重点放在探寻和解决每一个设计问题的过程上，而不应该只注意最终设计的结果是多么的完美。

原创性思维方式建立的关键是挖掘创造性和个性的表达能力，创造性是艺术思维中难度最大的思维层次。人们一般的思维方式是习惯于再现性的思维方式，通过记忆中对事物的感受和潜意识的融合唤起对新问题的思考，这是一种有象的再现性思维，因而是顺畅和自然的。而创造性的思维是有象与无象的结合，里面想象占有很大的成分，通过大脑记忆中的感知觉，运用想象和分析进行自觉的原创性表现思维。创造性的思维由于探索性强度高，需要联想、推理和判断要求环环相扣，所以是比较艰苦和困难的。

学生在设计过程中不自觉地运用再现性思维方式并不是主观逃避创造性的思维方式，而是有两个主要的原因：一是思考力度比较轻松，二是对自己原创性的创造闪光点缺乏自信心和捕捉能力。更为主要的一点是教师有时并不太注意和抓住这个闪光点并激励和赞美它。因为教师往往过多的根据自己的喜好来评价学生的原创性创意点。在室内设计方案的深入过程中，学生通过对自己整体设计方案的每一个细节部分的细化设计，来寻求人性的本质要求并赋予符合功能性的美学设计理念与形式表达，这个原创性思维过程有时很枯燥，这时的创造心理比较脆弱，有时出现的创造灵感和新的创意点如果把握不住也会飘然而过。这时作为教师应该关注学生的思维心路历程，及时地抓住学生转瞬即逝的闪光点给他赞扬和勇气让他去完善原创性思维的设计方案。

当每个学生完成一整套闪耀着自己心智和个性的设计方案时，虽然不一定是个完美的方案，但是在整个设计思维过程中敢于体验和超越的设计感觉，已经为他们进行原创性设计思维的方式奠定了基础。所以在室内环境设计的教学中应大力提倡原创性思维的训练，这一点同样应在社会上的行业设计师中积极倡导。

1. 室内环境设计的基本美学特征包括哪几方面？简述其主要内容。
2. 为什么说中国古代民居的设计是华夏民族智慧的流露？
3. 现代主义设计风格的主要特征是什么？
4. 室内环境设计的形式美法则是什么？如何理解适度美在室内环境设计形式美法则中居核心地位？
5. 室内生态环境的相关设计理念有哪几方面内容？主要内容是什么？
6. 简述室内生态设计三个基本原理。
7. 室内设计的一系列思维过程主要包括哪几方面？简述其内容。
8. 为什么在室内设计的思维过程中，要培养原创性设计思维？

第二章
室内环境设计的意境表现

PPT 课件，请在计算机上阅读

第一节　室内环境设计的审美意象

近年来，艺术理论界普遍认为，意境表现离不开审美意象，是由审美意象升华而成的，意象是意与象的统一。所谓“意”指的是意向、意念、意愿、意趣等审美主体的情意感受。所谓“象”，有两种状态，一是物象，是客体的物所展现的形象，二是表象，是知觉感知的事物所形成的映象，是头脑中的观念性的东西。

室内环境设计的意境表现离不开审美意象，它是由审美意象升华而成的。意境与意象有着紧密的内在联系，研究室内环境设计的意境表现问题，有必要从室内环境设计意象上进行研究与探索。室内环境设计中的意象表现，是指设计师通过具体设计内容与形式的“象”来唤起审美者的主体情感感受，体会情景交融的审美意境，这种意象是具有审美品格的“设计审美意象”。室内环境设计审美意象具有以下几种表达特征:

一、形象性

室内环境设计的审美意象均借助于“象”来表现室内环境设计的“意”，它不同于抽象的概念，无论是通过物质材料显现出来的艺术形态，还是保留于头脑中的内心图像，都离不开“象”，一切意象都具有形象性的特征。室内空间环境设计的“意”是靠具体的各个界面装饰设计、色彩表现、灯光设计、各种家具陈设等具体艺术造型的“象”来表达的。

二、主体性

中国传统审美思想中，审美主体与客体的相互映照，被看作是“天人合一”的具体体现。就是说，自然的客观世界（天）要成为审美对象，要成为“美”，必须有“人”的审美活动参与呼应，必须要有人的意识去发现它，去“唤醒”它，才能达到“天人合一”的最高审美境界。室内设计的主体性就是强调设计风格和装饰品格与审美者的共鸣与交流。

三、多义性

室内环境设计中有着以象表意的丰富性、多面性。而人们感受审美意象，又存在着主体经验、主体情趣、主观联想、主观想象的多样性、多方向性。因此室内环境的审美意象具有显著的模糊性、多义性、宽泛性、不确定性，内涵上包蕴广阔的容量，审美上蕴涵着浓厚的装饰意味，具备以有限来表达无限的潜能。

四、直观性

室内环境设计审美意象在思维方式上，呈现出直观思维方式，它不同于逻辑思维，不是以“概念”，而是以“象”作为思维主客体的联系中介。意象思维过程始终不脱离“象”，呈现出直观领悟的思维特色。室内设计具有实效性、经济性、效益性等特点，对于空间环境的意象表现，不能像文艺作品中那样含蓄的表达审美意境，室内设计语言要明确地阐述其功能性。如酒店的视觉特色就是通过设计形象和色彩来向消费者传达出酒店是用餐与住宿的主要功能特点来。

五、情感性

室内环境设计审美意象是审美活动的产物，必然伴随着情感活动，即所谓的“物以情观”，主体在以情观物的同时，也将自己的感情移入设计对象，给设计对象涂上浓厚的感情色彩。因此，审美意象是主体的审美情感的升华，是一种以情动人的感情形象。情感性也会体现出审美的差异性，同一个设计空间，因人不同的情感状态会对空间产生不同的审美意境体验。比如，墙上的一块灰颜色，当一个人心情愉快时看到它会感觉到色彩高雅，但是当一个人心情沮丧时看到它将会感到心情更加的郁闷压抑，绝对不会体会到色彩的高雅了。

第二节　返璞归真的意境表现

室内环境设计的境界，体现在室内设计形态和装饰的外显方式上，而最能体现出返璞归真的意境的是设计中自然风格的定位和天然环保材料在室内设计中的运用。在室内设计中用人工手段创造大自然景观和回归自然的室内意境，大量的选用天然环保装饰材料，追求室内环境的自然化、人情化、健康化已成为室内设计的时尚和趋势。在当今室内设施日趋现代化，人在室内空间逐渐脱离大自然的情况下，室内设计提倡运用自然回归的设计理念，追求整体格调素朴高雅的情愫，完全符合人类潜意识的合理要求，也充分体现“以人为本”的设计原则。

随着工业发展的加快，城市人口的聚集、居住环境的破坏，生存压力的增加，工作之余人们从城市来到郊外、来到山涧、来到海边，清新的空气、生动的翠绿、初春的景致、放松的身心、交流的场所令人向往、渴望、留恋，从而室内装饰设计的自然化趋向得以产生，自然化的室内设计受到人们广泛的关注，成为绿色设计的重要研究方向（图2-2-1）。

在装饰材料的运用上，如原始的梁柱、粗糙的石材、翠绿的植物、圆滑的卵石、洗练的白砂、流动的水景，秦砖汉瓦蕴藏了历史的遗风、梅兰竹菊寓意着君子的韵味。材料肌理的粗糙与光滑，都闪烁着淳朴自然之美感（图2-2-2）。

在室内色彩的设计上，自然环境采集之色均可成为表现自然主义的色调。泥土的赭石色、青翠的叶绿色、白色与灰白色、天与海的蓝色、阳光的金黄色等。

图2-2-1　人们向往的与自然沟通的居住环境

图2-2-2　自然质朴的材质表现出的设计美感

第三节　生态设计的审美内涵

一、生态美学理论来源

环境艺术设计的发展如同其他艺术设计一样，都是受当下多种美学思想观念所影响的，尤其是生态美学思想，对室内环境设计产生着重要的影响。

促成近年来美学的生态转向的重大贡献之一来自高主锡[1]。高在20世纪80年代早期就提出了生态美学的观点，认为生态美学超越了西方传统美学中的主观主义，以人与风景融为一体的主观意愿为基础。他提供了大量、广泛的论证来说明建立一套整体主义的环境设计理念的必要性。在一篇题为《生态美学：环境美学的整体主义演化范式》中，高主锡提出了生态设计的三个美学原则：

第一，创造过程的包容性统一原则。这一原则将形式与目的、语境融为一体，这是自然界和人类社会创造过程的必要条件，展示了创造过程与审美体验的相互关系。生态设计应该以设计人与环境的互动为核心，建筑物被视为环境，生态设计者所应关心的不是事物或环境的形式和结构，而是人与环境的互动关系。

第二，目的与语境、环境与场所、使用者与参与者等形式体系上的包容性统一原则。

第三，动态平衡及互补性原则。动态平衡指的是保持有机形式与无机形式之间的创造和发展过程有序进行的定性平衡。动态平衡强调主体与客体、时间与空间、固态与空无以及概念上分为形式与内容、物质

[1] Jusuck Koh，博士，荷兰瓦格宁根大学风景园林研究中心主任、教授。另译高州锡，曾被误译为“贾苏克·科欧”，但该学者祖籍韩国，译名应遵循韩国名字的中译法。程相占教授曾对此做过特别说明，认为“高主锡”是较为准确的译名。详见程相占：《美国生态美学的思想基础与理论进展》，《文学评论》，2009年第1期。

与形式、浪漫主义与古典主义、感受与思想、意识与无意识等的不可分割。动态平衡实质上是体现出了“互补性”特质，互补性也是一个美学原则，它联结了形式秩序与意义的丰富性、内与外、错与美。

二、室内设计生态美学的特征

1. 室内空间设计中人与环境的互动性和包容性相统一

强调室内空间里人与环境的互动关系是审美主体与审美客体相互映照的具体体现。生态学认为人类对自然环境的影响越大，自然环境对人类的反作用就越大。当自然环境达到无法承受的程度时，在漫漫岁月里建立起来的生态平衡，就会遭到严重的破坏。由此引申到室内空间环境设计来分析，室内空间中强调人与环境的互动，绝不能强调人或环境单一方面的出位，既不能过于强调环境设计的独立性，也不能过于强调人对于空间审美的主导地位，而应该是和谐的互动，包容的互动，统一的互动。这是室内设计生态美学体现的根本特征之一。

2. 室内设计的目的与情境、空间与场所、主客体审美关系等形式体系上的包容性相统一

室内设计的目的是为了解决人们在空间中的需求，需求涵盖两个方面，一是生理需求，二是精神需求，生理需求体现在达到人体工学数据的各种物质设施的需求，精神需求则主要体现在人的心理审美需求上。而满足室内空间中的两个需求又必须在特定的空间情境下所产生主客体的审美关系。身处这种室内环境里，感受到事物所表达的情绪，审美主体可以通过自身的感受去体验不同的审美情境；可认知性特点体现在室内空间环境的可意象性上，人们通过视觉所看到的环境实体唤起对环境的认同感。比如室内空间形态、界面、色彩、灯光等，可以加强人们对环境的范围、方向的认知，室内的文字、图像、标志、历史物件等符号，都可以说明一段历史、一种文化，可以让人认知到地方的文化和特色，进而产生文化情境；互动性特点体现在人与环境的互动体验，比如不同的审美主体的身份特征、文化背景、审美心境、行为需求、心理期待等因素的不同，应在设计中充分考虑其环境的个性化表现与需求度吻合。这是室内空间中情境特点的中心。

综上所述，室内空间设计的目的是满足室内空间中的两个根本需求，而满足其两个审美需求又必须在特定的空间情境和空间场所下所产生主客体的审美关系，所以室内设计的目的与情境、空间与场所、主客体审美关系都是设计内涵的整体内容，不能孤立地存在和表现，更应是一种包容性的互融与交集。

3. 室内空间设计生态观与人文观相统一

室内设计中的生态观与环境观在设计意义上有所不同，从字义上说，外文“环境”（ Environment ）具有“包围、围绕、围绕物”之意，是外在于人的，是一种明显的人与对象的二元对立。芬兰环境美学家瑟帕玛认为“甚至‘环境’这个术语都暗含了人类的观点：人类在中心，其他所有事物都围绕着他”；而“生态”（ Ecological ）则有“生态学的、生态的、生态保 护 的”之意，而其词头（ Eco ）则有“生态的、家庭的、经济的”之意。由此来看生态美学观念在其意义上更加符合生态文明时代人与自然关系的实际与要求，体现在室内设计中，更加符合人与室内空间生态性的互相依赖、互相融合的设计原则。

人文观是指对人的个性的关怀，注重强调维护人性尊严，提倡宽容，反对暴力，主张自由平等和自我价值体现的一种哲学观点。人文观体现在室内设计师头脑中的设计理念应是人文关怀、设计伦理、尊重个性、审美愉悦等，其最核心的是设计伦理观念。最早提出设计伦理性的是美国的设计理论家维克多. 巴巴纳克，他在20世纪60年代末出版了他最著名的著作《为真实世界的设计》。巴巴纳克明确地提出了设计的三个主要问题：①设计应该为广大人民服务，而不是只为少数富裕国家服务。在这里，他特别强调设计应该为第三世界的人民服务。②设计不但为健康人服务，同时还必须考虑为残疾人服务。③设计应该认真

地考虑地球的有限资源使用问题，设计应该为保护我们居住的地球的有限资源服务。从这些问题上来看，巴巴纳克的观点明确了设计的伦理在设计中的积极作用，同时其观点也具有了鲜明的生态美学意味。作为建筑为载体的室内空间设计，设计伦理意识决定了室内设计目的是为了人，这就重新唤回了设计艺术人文精神的回归。

室内空间设计生态观与人文观二者的统一，笔者认为体现了生态美学的研究本质问题，研究生态美学不能只关注审美问题，更重要的是要有人文关怀和设计伦理观念，设计伦理就是要求室内设计中要综合考虑人、环境、资源的因素，着眼于长远利益，体现设计为人类服务的根本宗旨，倡导人性中的真善美，取得人、环境、资源的平衡和协同，这是生态美学与人文观念的契合，更是室内生态设计美学的实质内涵。

4．室内空间设计的视觉动态平衡与心理动态平衡的相统一

动态平衡是物理学概念，所谓动态平衡问题，就是通过控制某一物理量，使物体的状态发生缓慢变化。任何物体的动态平衡都是相对稳定的动态平衡，它总是在“不平衡—平衡—不平衡”的发展过程中进行物质和能量的交换，推动自身的变化和发展。

室内空间设计的动态平衡主要体现在视觉的动态平衡和心理的动态平衡上。视觉的动态平衡体现在“形态”平衡上，室内设计的基本构成是设计形态构成，“形”和“态”有着各自的意义，“形”所指的是设计的造型结构，而“态”多反映是设计的态势和语境、情境等，“形”相对静止，“态”是在不断变化的，“形”必须根据不同的“态”做出个性化、细腻化的设计，使其达到最佳的平衡状态，一个“形”体结构不可以在任何空间里照搬和复制的，如把巴黎的埃菲尔铁塔的造型结构直接复制过来放置在我们的某一个城市，虽然“形”是原型，但其“态”势由于城市历史文化、环境语境都发生了变化，颠覆了平衡，就不会有视觉的美感和愉悦了。所以“形”与“态”的相对平衡所带来的视觉审美价值是室内设计研究的重点；心理的动态平衡体现在人和环境行为之间的关系，研究人的行为特点及视觉规律，比如人在空间环境中有自觉的向光性、追随性、躲避性，在设计中就应注意人的心理自觉感受与环境形态设计的平衡关系。在室内设计中只有视觉的动态平衡和心理的动态平衡达到完美的和谐统一，才能体现出室内空间生态和谐的审美状态。

1. 意境的含义是什么？如何理解室内环境设计的意境表达是情景交融的体现？
2. 室内环境设计审美意象具有哪几种表达特征？简述其主要内容。
3. 为什么说追求返璞归真的设计审美意境是室内环境设计新的时尚和趋势？
4. 高主锡提出的生态设计的三个美学原则是什么？
5. 室内设计生态美学的特征有哪些内容，简述之。

第三章

室内环境设计分类简介

PPT 课件，请在计算机上阅读

第一节　居住空间环境设计

居住空间是与人们关系最为密切的室内空间，住宅空间设计的好坏不仅影响到使用者在家中的休息效果，还会间接影响到人们工作学习时的精神状态和效率。

一、普通住宅空间环境设计

1. 使用功能与空间计划

住宅的基本功能包括睡眠、休息、饮食、盥洗、视听、娱乐、学习、工作、家庭团聚、会客等。设计时，要依据各种功能特点的不同来合理组织空间、安排布局，做好空间的静动分区、公共私密分区的合理规划。

2. 精神功能与整体风格

室内空间在满足了人们使用功能要求的基础上就要开始对精神功能要求进行考虑。住宅精神功能的影响因素比较多，有地域特征、民族传统、宗教信仰、文化水平、社会地位、个性特征、业余爱好、审美情趣，等等。整体风格与装饰设计是室内设计的灵魂，它对设计中的各个细节，如色彩的搭配、材质的运用、装饰语言的表现形式、家具的配置和家居织物的选择等都起到指导性和统领性的作用。

3. 主要功能空间的设计

（1）起居室　起居室是居室空间中使用频率最高的空间，它在整个居室空间中居核心和主导地位。它的主要功能有：会客、休息、视听、娱乐，聚会等（图3-1-1）。

（2）餐厅　餐厅是家居空间中家人用来就餐的空间，它的形式较灵活，可以是独立的餐厅，也可以

图3-1-1　起居室设计

图3-1-2　餐厅设计

图3-1-3　厨房设计

是与起居室在一个大的空间里，划分出餐厅的区域，也可以与厨房相结合，形成开放式厨餐合一的空间（图3-1-2）。

（3）厨房　厨房是家居空间中使用频率较高的空间，它的主要功能是备餐和餐后整理（图3-1-3）。

（4）卧室　卧室是家居中最私密的空间，它的主要功能是睡眠休息，也可以兼有学习功能。卧室根据使用者的不同可分为主卧室、次卧室、客房等（图3-1-4）。

（5）书房　书房是家居中读书工作的地方，也属于私密安静的空间。书房的主要功能分为一般书房和工作室。一般书房能满足学习功能即可，而特殊专业人士，如画家、设计家、音乐家等他们的工作室会根据不同专业特点，设计不同的功能空间和工作设施与家具（图3-1-5）。

（6）卫生间　卫生间空间与卧室的空间一样，私密性要求较高，它的功能是处理个人卫生（图3-1-6）。

二、别墅空间环境设计

别墅设计是在一般居住空间设计的基础上要求更加个性化和私

图3-1-4　卧室设计

图3-1-5　书房设计

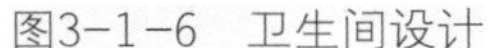

图3-1-6　卫生间设计

图3-1-7　别墅设计

密化，整体设计的档次相对也要求更高，同时更应注意庭院环境与室内环境的互动交流与融合。

别墅一般包括起居室、客厅、卧室、餐厅、娱乐室、浴厕、盥洗室、储藏室等，在规模较大的高档别墅中，还包括门厅、中庭、敞廊、旋梯、楼梯间、跑马廊、客房、化妆间、餐具室、洗涤间、酒吧、室内游泳池、车库等（图3-1-7）。

从设计手法上来说，别墅的一个重要特点是十分重视封闭性与开敞性关系的处理，更注重开敞手法的运用。除去必须而有限的私密空间外，要在最大限度上沟通人与外界大自然的联系，做到“室内设计室外化”，强调人与室外的通透关系，在视觉上，心理上、生理上都能体会到庭院景观和自然风景的审美情愫，体验到生态和绿色的设计美感。

第二节　公共空间室内环境设计

一、旅游室内环境设计

在经济发展和产业转换的促拥下，旅游业的发展已成不可逆转之势，而作为其服务支柱的旅游建筑业随之迅速兴起。现代旅游建筑如酒店、饭店、宾馆、度假村等与传统的旅游建筑互为补充相得益彰，不仅都具有环境优美、交通方便、服务周到等特点，更重要的是顺应了世界文化交融的时代要求，传播着旅游文化。从室内空间设计的角度上讲，尽管各地的自然地理条件不同，却相互渗透着各异的文化气息。特别在反映民族特色、地方风格、乡土情调、结合现代化设施等方面，予以精心考虑，令游人在旅游期间既享受了舒适生活，同时也了解了异国他乡民族风情，扩大视野，增加新鲜知识，从而达到丰富生活、增加审美愉悦的目的，赋予了旅游活动游憩性、知识性、健身性等内涵。

1. 酒店设计的特点

（1）表现当地自然环境特色和历史文脉的传承。

（2）突出酒店的商业功能特性。

（3）创造返璞归真的室内生态环境和充满人情味消费环境。

（4）创建高品位的室内空间设计风格与格调。

（5）创立酒店的文化概念，令客人流连难忘。

2. 酒店大堂的室内设计

酒店大堂是酒店的门面，它是酒店最重要的厅室，它和门厅直接相连，是给旅客第一印象和最后印象的地方，是酒店的窗口，为内外旅客集中和必经之地，因此大多的酒店均把它视为室内装饰重点，集空间、家具、陈设、绿化、照明、材料等之精华于一厅。很多酒店都把大堂和中庭相结合成为整个建筑之核心和重要景观之地。因此大堂设计的成与败，直接影响到酒店的整体形象（图3-2-1）。

3. 酒店中庭的室内设计

酒店中庭的设计和我国传统的院落式建筑庭院布局有异曲同工之妙，中国北方传统四合院中的庭院，其特点就是形成了建筑内部的室外空间即天井，这种和外界隔离的绿化环境，因其不受院落外部的干扰而能达到真正的休息作用。在天井中，围绕它的各室也自然分享其庭院景色，这种布局形式为现代建筑中的中庭所汲取并有了进一步的发展。酒店的中庭就是非常有代表性的室内设计室外化的共享空间，它为酒店的旅客在心理和生理上都能带来愉快的心情（图3-2-2）。

中庭式的共享空间有以下几点功能：

（1）室内外空间的互动与补充

酒店内部空间的封闭性确实给旅客带来了很多的心理与生理上的障碍。社会发达程度越高，自然越显得更加可爱，人工材料越多，更觉天然材料宝贵，人们在酒店里虽然时间不长，可渴望与大自然亲近的天性却丝毫不会减少，他们希望看到绿色、水景和山石，而中庭空间的设立正是满足人们这种需求的功能空间（图3-2-3）。

图3-2-1 酒店大堂设计

图3-2-2 自然质朴的材质表现出的设计美感

图3-2-3 酒店大堂休闲区设计

图3-2-4 夜色朦胧的酒店中庭设计

（2）旅客心灵的沟通空间

中庭是大堂和客房、餐厅等空间的过渡空间，是旅客与朋友聊天和等待就餐及等待办理其他事情的临时休闲场所。中庭是旅客进入酒店的生理需求空间，因为作为社会的人，有共同交流、将个人融化于集体中的愿望和习惯，中庭的设立给旅客们的心灵沟通提供了广阔的舞台。

（3）空间与时间的对话

一般星级酒店的观光电梯大多与中庭相接，在中庭空间里小憩片刻，能看到透明观光电梯的徐徐升降，听到身边绿化美景潺潺流水的音符，这种动与静的对比会带给旅客不少活力与生机，同时，多层次的空间，也给酒店提供了多端俯视景观的变化情趣。

（4）壮观与亲切的组合

中庭的高大尺度，巨大的空间并不使人望而生畏，因为在那里有很多小品的点缀与绿化的打扮，大空间里又包含小空间，所有这一切都起到柔化和加强抒情的作用使人感到既宏伟又亲切，壮美和柔美相结合（图3-2-4）。

在一般星级酒店的中庭中通常具有贯通多层的高大空间，作为该建筑的公共活动中心和共享空间，在设计中布置绿化景观、休息座椅等设施供客人休息会客。酒店中庭对改善整个酒店的建筑环境，创造亲近自然的机会，促进人际的交流，丰富室内空间的多样性活动，起着重要的积极作用，作为中国的建筑装饰设计师，有责任继承和发展我国庭院式的建筑空间环境，而且应尽可能的从酒店、大型公共建筑的中庭空间设计，逐步推广到与人民生活更为密切的大量的公共建筑中去，这样才是“以人为本”设计观念的具体体现。

4. 酒店客房的室内设计

客房是酒店重要的私密性休息空间，是“宾至如归”的直接体现。旅客经过一天的参观旅游，非常劳顿，回到酒店最主要的任务就是休息睡觉，要有一个舒适放松静谧的休息环境，所以客房的设计定位应放在房间的休息功能上。

（1）酒店客房分类

酒店客房的种类一般分为标准客房（图3-2-4）、单人客房（图3-2-5）、套间客房（图3-2-6）、总统套房等（图3-2-7）。标准客房和单人客房分别摆放两张单人床和一张单人床；双人客房放一张大双人床。

套房按不同等级和规模，有相连通的二套间、三套间、四套间不等，其中除卧室外一般应考虑设置餐室、酒吧、客厅、办公或娱乐等房间，也有带厨房的公寓式套间。酒店的总统套房是星级酒店装饰最豪华的客房，价格昂贵，一般接待的是贵宾级客人。

（2）客房的设计要点

客房的室内设计应以淡雅宁静、温馨质朴的装饰

图3-2-5　酒店单人客房

图3-2-6　酒店套房

图3-2-7　酒店总统套房

为原则，给旅客一个舒适温暖的休息环境。设计一定避免繁琐，家具陈设除功能规定外不宜多设。应主要着力于家具、织物的造型和色彩的选择，给顾客心理上和生理上带来审美愉悦。

客房的空间分割一般应按国际通用标准，不需再随意处理。由于普通客房和一般套房的面积不大，三大界面的装饰处理也就比较简洁，墙面、天棚一般进行整平处理后刷乳胶漆或贴环保型的墙纸，地面一般为铺设地毯或嵌木地板。客房的整体色调一般以浅暖色调为主，运用大统一小变化的规律加以对比色的调和，使之温馨亲切。

客房的灯光处理应简洁柔和，照度要低于一般工作环境。设落地灯、床头灯、台灯、地灯。一般不应设天棚吊灯，豪华总统套房除外。

卫生间的设计重点应放在防潮、防滑和通风上，这是对旅客关怀的最直接的体现。

（3）酒店的基本房型配比和尺度

酒店的基本房型配比和尺度见表3-2-1（仅以酒店200间/套客房为例）。

5. 酒店的酒吧设计

酒吧是一种纯粹为旅客提供宜人的休憩娱乐放松的室内空间，其空间的个性与私密性强，一般酒店均设有空间布置灵活、装饰造型表现性强的酒吧区域。酒吧一般常独立设置，也有在餐厅、休息厅等处设立吧台的小酒吧（图3-2-8）。

酒吧的设计理念：

酒店酒吧的设计除了满足酒店旅客的消费需求，更重要的一个消费热点是接待社会的消费者，酒店酒吧与社会上的独立酒吧相比具有环境幽雅、安全的优点，颇受酒店内外的消费者欢迎。

酒吧的消费功能，是给人一个放松、宣泄、忘我的环境，对于酒店的旅客，疲劳了一天需要喝酒聊天，放松一下身体。

从整体空间的功能分割、色彩的处理、空间容纳人数的计算、静吧与闹吧的整体划分，酒吧导入的文化概念、三大界面的造型设计、材质的选择、灯光的

表3-2-1　酒店基本房型配比和尺度

序号	房型类别	房型数量（间或套）	房型所占比例/%	房型面积/米^2	床型尺寸/毫米
1	普通双人间	120～130	60～65	24～26	1100×2000
2	普通标准单人间	25～30	12.5～15	18～24	1100×2000 1300×2000
3	商务套间或一般套	24～32	12～16	36～48	1300×2000 1600×2000
4	高级套间或总统套间	2～3	1～1.5	48～300	1600×2000 2000×2000
5	连通间	10～12	5～6	42～48	1100×2000
6	残疾人间	1～2	0.5～1	22～24	1300×2000

变化、陈设的造型问题，设计者都应有科学的表达和阐述出酒吧这个给人带来欢乐和喧闹的休闲环境。

6. 酒店餐饮空间的室内设计

酒店的餐饮空间指能为旅客提供各种饮食的相关服务空间。酒店餐厅，一般分为中、西餐厅、宴会厅、雅座包厢等餐厅的服务内容，除正餐外，还增设早茶、晚茶、小吃、自助餐等项目。

中式餐厅的用餐布局基本符合传统围合成席的空间布置特点，装饰造型与色彩设计以及设计手法多借鉴中国传统建筑中的视觉元素与象征符号以及传统色彩（图3-2-9）。

西餐厅的设计从空间和家具的布局上就明显的与中式餐厅不同，西餐厅的功能布局与西方人的饮食习惯相关联。双人座、四人座与多人条桌是西餐桌椅陈设的特有形式，其中以四人座为主体。设计形式与装饰特点多为欧式古典设计风格的文脉传承。色彩追求是在整体的协调中有瑰丽华贵，常常习惯橙色调，与色香味美俱全的美食感官相吻合（图3-2-10）。

宴会厅与一般餐厅不同，常分宾主，执礼仪，重布置，造气氛，一切按秩序进行。因此室内空间常做成对称规则的格局，有利于布置和装饰陈设，造成庄严隆重的气氛。宴会厅还应该考虑在宴会前为陆续来的客人聚集、交往、表演、休息和逗留提供足够的活动空间（图3-2-11）。

餐厅、宴会厅的设计原则：

（1）空间组织与面积分配要合理适当。餐厅的面积一般以1.85平方米/座计算，面积太小会造成拥挤，面积过大易浪费空间和增加服务员的劳作时间和精力。

图3-2-8　酒店酒吧设计

图3-2-9　中餐厅设计

图3-2-10　西餐厅设计

图3-2-11　宴会厅设计

（2）动线流畅尺度适宜。顾客就餐活动路线和供应路线应避免交叉，送饭菜和收碗碟出入也宜分开。

（3）设计风格和装饰特点要充分考虑酒店的地域文化和风土人情特色。

（4）做到室内设计室外化，将生态化、绿色化、环保化贯穿在酒店设计的始终。

（5）室内色彩符合用餐的视觉生理审美习惯，使人处于从容、宁静、舒适的状态和具有欢快愉悦的心境，以增进食欲，并为餐饮空间创造良好的环境。

（6）室内空间应有良好的声、光、热环境。装饰材料要选择耐污、耐磨、防滑和易于清洁的材料。

二、商业室内环境设计

商业建筑的室内环境设计既要体现出一定的城市文化，又要从对顾客认识、情绪、意识等心理活动过程的分析入手，通过合理布局，良好的声、光、气、温等物理环境，设计出得当的视觉引导和流通路线，创造人性化、舒适化的购物环境，满足购物者的生理及心理需求，进而激发人们的购物欲望。

（一）商业室内空间的设计原则

（1）商业空间的设计规划和装饰主要取决于该商场的经销形式特点和购物消费群体的服务需求，设计的根本点就在于处理商场和消费者的互动关系，使消费者在商场内得到体贴关怀，可以轻松、方便、自由的购物。

（2）在设计中充分体现商业空间的基本功能。商业空间的基本功能主要有：展示销售功能、广告促销功能、服务顾客功能、宣传企业文化功能。

（3）商业内部空间动线流畅，符合顾客购物流动的人体工学基本数据。

提供明确的购物导视招牌和安全疏散通道的标志。

（4）声、光、热、电的设计符合国家设计和防火标准，为消费者营造舒适安全的购物环境。

（5）商品展示陈列货柜的造型、色彩、材质的设计既要简洁时尚、功能形式完美，又要符合人性化、生态化、环保化。

（6）创造性地运用电子科技，增加展示箱、广告墙、固定装置的可移性都是营造和谐购物气氛的重要设计因素。

图3-2-12　营业厅闭架柜面设计

（二）商业主要功能空间设计

1. 商场营业厅设计

营业厅的室内设计总体上应突出商品，激发购物欲望，即商品是“主角”，室内设计和建筑装饰的手法应衬托商品，从某种意义上讲，营业厅的室内环境应是商品的舞台背景。

（1）营业厅的柜面布置方式

闭架——适宜销售高档贵重商品或不宜由顾客直接选取的商品，如首饰、高档化妆品、药品等（图3-2-12）。

图3-2-13　营业厅开架柜面设计

开架——适宜于销售挑选性强，除视觉审视外，尚对商品质地有手感要求的商品，如服装、鞋帽等。由于商品与顾客的近距离接触，通常会有利于促销，目前，很多的商场采用开架经营，符合人性化设计（图3-2-13）。

半开架——商品开架展示，但进入该商品局部领域却是设置入口的。

洽谈区——某些高层次的商店，由于商品性能特点或氛围的需要，顾客在购物时与营业员能较详细地进行商谈、咨询，采用可就座洽谈的经营方式，体现高雅和谐的氛围，如销售汽车、家具等（图3-2-14）。

在商业空间设计上要充分体现顾客和营业员的人体尺度、动作域、视觉的有效高度以及营业员和顾客之间的最佳沟通距离。

现代商业建筑的营业厅，通常把柜、架、展示台及一切商品陈列、陈设用品统称为“道具”。商店的

图3-2-14　营业厅洽谈区设计

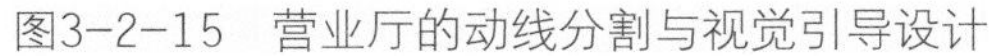
图3-2-15　营业厅的动线分割与视觉引导设计

图3-2-16　专卖店室内空间设计

营业厅以道具的有序排列、道具造型、色彩的创意设计来烘托和营造购物环境，引导顾客购物消费。

（2）商店营业厅的空间动线分割与视觉导引

1）商场营业厅的动线设计主要注意两点，一是购物动线的设计，二是安全疏散的动线设计。购物动线设计要使顾客顺畅的浏览商品和到达商品柜，尽可能避免单向折返与死角，从而让顾客能自由轻松地通过和返回。安全疏散动线设计主要是满足顾客自由轻松地进出，遇有紧急情况能安全快速地疏散。

2）商场的视觉引导系统的设计是体现人性化设计的重要标志，商店营业厅内视觉引导的方法与目的主要是通过将柜架、展示设施等的空间划分，作为视觉引导的手段，引导顾客动线方向并使顾客视线注视商品的重点展示台与陈列处；通过营业厅地面、天棚、墙面等各界面的材质、线形、色彩、图案的配置引导顾客的视线；采用系列照明灯具、光色的不同色温、光带标志等设施手段，进行视觉引导（图3-2-15）。

2. 精品专卖店的设计

精品专卖店的设计要求空间的划分和展示台架的设计要有很高的设计美感，因为精品店不是一间一般商品销售区域，它应让消费者在购物过程中得到美的愉悦享受。要把人体工学规律性的尺度数据转换成不同顾客所需求的个性化尺度数据，这样才能满足不同身高、不同性别、不同年龄层次的消费顾客便于拿取商品。在精品区域里购物，货架和展台设计必须要始终遵循人性化的关怀设计，哪怕是一个小小的局部都要细心去体会消费者的感受（图3-2-16）。

好的精品销售空间设计，不能只停留在界面的硬设计上，还要多考虑软设计因素的心理作用。精品专卖店和谐的购物气氛是靠室内空间中多种设计因素整体构成的，比如色彩、灯光、材质的肌理效果的精心设计等，另外，背景音乐对于和谐氛围起的作用也很大。

3. 超级市场的空间设计

超级市场的空间布局最大的特点在于不同的商品区域划分泾渭分明，广告媒介宣传明确，货架整齐划一，根据不同商品的结构特点设置不同功能造型的陈列柜架，造型设计风格基本统一。POP广告布置生动灵活，价格表明确到位。

超级市场中的动线设计和流通通道都比一般普通商场的尺度宽松通畅，一般要考虑顾客的手推车的占用尺度。货架的高度设计要满足顾客轻松接近商品的购物域，同时，商品的分布应考虑到顾客的连带消费关系。

超级市场以其自选商品的特点给消费者带来方便的同时，也给商场业主的商品安全性带来不安全因素，所以，商场空间中的监视和报警系统的设计也是超级市场的重要设计内容之一。

三、办公室内环境设计

1. 办公空间的功能分类

办公空间根据功能性质区分为：①行政类办公用房。②商业类办公用房。③综合类办公用房。行政类办公空间指各级政府机构、事业单位、工厂企业的办公空间；商业类办公空间是指商务写字楼的办公空间，比如保险、金融、贸易等行业的办公空间；综合类办公空间指除具有办公功能外还具有其他功能的办公空间，如商场、餐饮、娱乐和办公楼相结合的办公空间。

2. 精神功能和设计要求

办公空间的设计首先要求具有秩序感、简洁明快感和时代感。其次要充分考虑各办公人员工作的性质、特点和内在联系，办公楼体内部空间要交通流线明晰，利于通行和安全疏散。各装饰界面的装饰处理和色彩设计以及照明要符合办公空间的特点以及办公人员的视觉要求，整体格调应以淡雅明亮为主。

3. 主要功能空间的设计

（1）开敞型办公室（图3-2-17）；

（2）会议室（图3-2-18）；

（3）接待室（图3-2-19）；

（4）高级管理人员办公室（图3-2-20）。

图3-2-17　开敞型办公室设计

图3-2-18　会议室设计

图3-2-19　接待室设计

图3-2-20　经理办公室

图3-2-21　学校授课室内空间设计

图3-2-22　图书馆阅览室设计

四、学习空间环境设计

学习空间是指人展开学习活动的建筑内部空间环境，一般指学校、图书馆的学习环境。

学习空间的设计原则应是以营造能提高学习效率的室内环境为目的，装饰简洁高雅，有合理的流线布局，天棚墙面充分考虑吸音效果，照度充足符合学习者的视觉要求，避免过强过弱的灯光，一定要注意不能出现眩光的照明点，坐椅要符合人体工学的设计标准，使学习者在长时间的学习工作中不易感到疲劳（图3-2-21、图3-2-22）。

五、观演室内环境设计

剧场、电影院、音乐厅等以娱乐为中心的视听建筑，是人们进行社交、享受娱乐、调剂精神和休息的重要场所。观演室内环境就是要营造舒适、和谐的集体娱乐氛围，感染人们的情趣，使人们从紧张的现代生活节奏中解脱出来，得到心灵的舒缓、精神的愉悦（周3-2-23）。在视听建筑内部空间的设计中应注意以下几个问题：

（1）视听空间中首先确保视听活动安全的进行，视听空间中的交通组织应利于安全疏导。通道、安全门等都应符合相应的防灾标准。所有电器、电源、电线都应采取相应的措施保证安全。织物与易燃材料应进行防火处理。

（2）视听空间应尽量减少周边环境的不良影响，要进行隔音设计处理，防止对周边环境造成噪音污染。视听空间的声学设计是一项非常重要的内容，室内界

图3-2-23 剧场室内设计

图3-2-24 音乐厅室内设计

面的结构和装饰材料的运用都要符合声学的要求。

（3）创造高雅的艺术氛围，用独特的风格给观众留下深刻的印象。欣赏各式各样的艺术表演，既有娱乐性又有教育性。精彩的艺术表演应与高雅的空间环境相协调。所以，在设计中不论在设计风格还是设计语言形态上，都要考虑室内整体文化气息的表现和营造（图3-2-24）。

思考练习题

1. 室内环境设计包括哪几项主要分类？
2. 简述居住室内空间、旅游室内空间、商业室内空间、办公室内空间、学习室内空间、观演室内空间的功能特点和设计原则。

第四章

室内空间设计

PPT 课件，请在计算机上阅读

第一节　室内空间的功能分析

现代室内空间设计的功能要素包括空间的主次、空间的分区、空间的共享、空间的流通、模糊、转换、互动等方面的内容。

一、室内空间主与次的控制

对于一个安排合理的完整的室内空间来说，它内部的具体空间分割不存在绝对的平衡，室内空间有主有次。空间的主次关系同任何事物的主次矛盾关系是一样的，它们之间是一种对立依存的关系。在进行室内空间功能组织的设计中，要明确的区分主要功能空间和次要功能空间，并进行针对性处理，以主要空间为主导，同时兼顾次要空间的安排，以凸显空间的功能特性。

就功能方面来说，主要空间是室内空间功能的主要表现空间，是功能的根本保证。从布局规划开始，就要根据建筑的可利用面积，合理的定位主要功能区域的体量，始终做到尽可能实现空间的价值。在装饰设计上，要以此为中心，赋予主要空间体现整体空间特性的使命。

在具体的室内设计中，设计者要建立明确的主、次空间概念的区别，抓住事物的主线对空间进行有序布局。一方面要合理调配主要空间的面积，同时还要对附属空间的位置安排进行合理的规划，保障各附属空间与主要空间在功能关系上符合活动的流程（图4-1-1）。

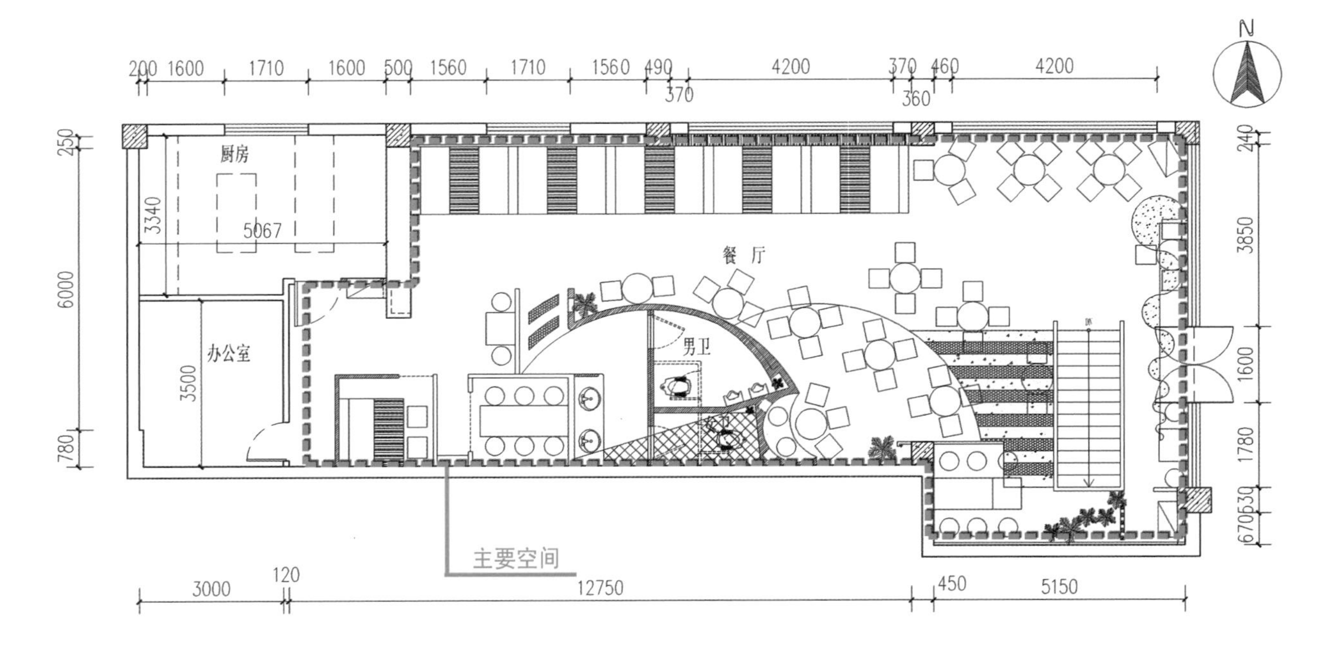

图4-1-1　酒店主次空间的划分

二、公共性空间和私密性空间的组织

从空间使用对象的角度来看，室内空间存在着功能性质的差异，有公共性空间和私密性空间之分。

公共性空间为不确定人群使用的空间或某个特定人群所共用的空间。例如商场的营业厅、办公楼的大厅、接待室、休息室、集体办公区，酒店的大堂、餐饮空间的餐厅、多功能厅、休息厅等公共建筑的绝大部分空间，以及家居的起居室、餐厅等空间，这些空间具有人流性强，气氛相对活跃的共性（图4-1-2）。

私密性空间的使用人群通常具有确定性或阶段确定性，是指空间属于某一个人、几个人私人使用，或在一定时期内为几个人占有。这种空间通常不具有开放性，而是有相对隐秘的特点。例如公共环境当中的高级人员办公室、酒店的客房，以及家居的卧室、书房等室内空间（图4-1-3）。

公共性空间和私密性空间使用功能的性质不同，形成各自的特点，同时也对整体环境产生一定的影响，提出了一定要求。因而在进行整体空间的组织和不同空间的具体形式选择时，要根据具体情况进行合理设计界定。

三、空间的流通性

人的活动有一定的连续性和次序性，整个室内活动的流畅依赖的是不同空间的流通性，即空间的序列。室内空间是人们从事各种活动的场所，其内部空间之间的流通性是空间使用功能实现的一个重要保障。

空间容量的确定来源于我们对人机工程的研究。进行空间容量的测算时，要对人在室内空间的静态尺度以及活动幅度进行量化分析，同时要考虑活动的复合发生所占用空间，以及正常的人员流动空间，只有在综合分析多方面数据之后，才可以进行空间体量的确定并进行分隔规划（图4-1-4）。

四、空间的模糊性

人的意识与行为有时存在模棱两可的现象，“是”与“不是”的界限不完全是以“两极”的形式出现，于是反映在空间中，就出现一种超越绝对界限的（功能的或形式的）、具有多种功能含意的、充满了复杂与矛盾的中性、多义空间，或称为“模糊空间”。

模糊空间具有含蓄的特点，经常用作不同功能或不同形式空间的过渡或联系，以缓解突兀感。例如，当建筑由室外到室内的转换，开敞空间到封闭空间的转换，都可以采用模糊空间进行衔接处理。而在功能性质完全不同的静态空间和动态空间的连接处理中，也可以利用模糊空间实现功能的平缓过渡（图4–1–5）。

图4–1–2　办公楼大厅的公共空间环境

图4–1–3　主管办公室设计

图4–1–4　大空间的流通

图4–1–5　空间的模糊处理

第二节　室内空间的设计分隔

由于室内空间使用功能的具体差异，所以要求对室内空间进行必要的设计分隔。在具体的空间设计中，空间分隔处理的方法形式多种多样，不同的处理方法体现着不同的美感效果，在室内空间设计中常用“虚隔”与“实隔”两种分隔方法。

一、“虚隔”与“实隔”的美学思想

1）“虚隔”在中国传统建筑美学里称为“借景”。“窗含西岭千秋雪，门泊东吴万里船”，诗人杜甫的这句诗所描写的美景便是通过窗和门进行室外环境的借景，强调的是室内空间与室外空间的情景交融。“一琴几上弦，数家窗外碧，帘户寂无人，春风自吹入。”更是透过窗子将外边的天籁之音吸入室内空间里来。明朝文人计成在《园冶》中说：“轩楹高爽，窗户邻虚，纳千顷之汪洋，收四时之烂漫。”的确，在中国传统建筑中，窗户绝不仅仅是为了采光和通风，而是成为借景生美的取景框。从这个框里望去也不尽在画，还有情。“梦觉隔窗残日尽，五更青鸟满山啼”，“深秋帘幕千家雨，落日楼台一笛风”。

在现代室内空间设计中，“虚隔”的设计表现形式在继承了传统借景审美思想的基础上，有了更大范围的发展和延伸，如利用建筑结构的梁与柱体和装饰构架、利用光源和材料的质感、利用界面的凹凸以及利用陈设与装饰品等形式进行室内空间的“虚隔”艺术处理，更好地体现出现代室内环境的空间互借、情景交融的审美情趣。

2）“实隔”是指室内空间中的物质隔体，是利用物质隔体进行室内空间的分隔，所谓“实”是相对“虚”而言，其审美实质是取得室内空间“围与透”的辩证关系。隔断在室内空间中起到非常重要的作用，既有使用功能之美，又具审美功能之美。如划分酒店餐厅各餐桌的隔断既可以是木制的矮墙又可以是格棂式的花架，同在大的空间之中，又能时常感受亲切的气氛。再如用博古架形成的隔断则更具室内审美意味，既可搁放古之玩品，又可在通透之中映出装饰影像的层次感，使两个空间成为一个大的共享空间，创造出实中有虚的流动感。此外像屏风之类的家具式隔断，其形式历史悠久，造型式样多变，在我国早已广泛应用于各种室内空间，且其制作的材质种类繁多，如竹屏风、木屏风、玻璃屏风、草编屏风，还有独具民族手工艺特色的杭绣屏风、楠木雕嵌屏风等，它们集功能与形式于一身，在室内空间中尽情地发挥着它的最佳效能。另外还有窗帘、帷幔制成的软隔断，其界定空间具有轻柔朦胧感，做隔断既轻巧又方便，各种颜色、图案、花纹的织物，通过编织、裁剪、缝制和张拉形成的帷幔多姿多彩，为室内设计中赏识乐用。

二、“虚隔”与“实隔”在现代室内空间中的设计表现

1.“虚隔”的设计表现形式

“虚隔”是利用非实体界面进行空间分割，是一种限定度很低的分隔方法，实际上是观念上的分隔。空间界面虚拟模糊，通过人的“视觉完形性”来联想感知，具有意象性的心理效应，其空间划分隔而不断，通透深邃，层次丰富，流动性极强。“虚隔”可以通过建筑结构、装饰构架、光源、质感、界面凹凸高低、陈设、装饰、水体、绿化等手段实现。下面介绍几种虚隔的表现形式：

（1）利用梁、柱体和装饰构架进行分隔

室内空间中的梁、柱体表现出一定的力度感，其存在本身就具有分隔空间的作用，尤其是大跨度空间

中梁的深度增加，会对不同的局部形成上部的围合感，而当建筑结构要素的个体之间相互关联，便会组成虚拟界面，形成概念上的独立空间。室内空间的装饰构件，其形式是建筑结构的延伸，是人为构建的坚挺的空间分隔要素，具有安全感、力度感和等同建筑结构相同的效果（图4-2-1）。

（2）利用光源进行分隔

人工光源是建筑室内照度保障的一个重要手段，不仅如此，光源照度差异、光源色彩差异，以及光源类型、组织形式的差异都会营造出不同的个性区域（图4-2-2）。

（3）利用材料的质感进行分隔

材料的质感差异彰显着其各自的性格，界面、区域材料质感的不同运用结合着材料的色彩差异，会形成不同于其周边的独有意趣（图4-2-3）。

（4）利用界面的凹凸进行分隔

利用界面的凹凸变化分隔空间，是区域感相对加强的一种空间分隔手段。地面界面的上浮、下沉，或者天棚界面的跌落都会产生明显的分区特征，且一定程度上增加了空间中水平方向的层次变化，丰富和美化了空间环境（图4-2-4）。

（5）利用陈设与装饰品进行分隔

室内空间的陈设品及其他装饰品是室内空间装饰的点睛要素，具有吸纳视线之功效，陈设品和装饰要素的合理分配能够形成视觉的序列感，起到较强的空间分隔效果。

（6）利用水体、绿化进行分隔

水体与绿化具有自然的气息，能够给室内空间增加灵动之感、欢悦的情趣，既可以增强空间的审美体验，又可以舒缓观感者的心情，其“自然”的特征成为它与周围环境的明显差别，而独为一体。

2.“实隔”的表现形式

“实隔”是以限定度高的实体界面分隔空间。这些实体界面主要是由室内空间中到顶的承重墙、轻体隔墙和家具以及各种隔断等组成的。实隔具有封闭性、私密性、抗干扰性、半通透性等特点，满足了人们安静、私密的功能需求。

“实隔”除了在选用的分隔手段方面存在差异外，其分隔形式的不同，也将形成不同的效果，或完全封闭、或半封闭、或完全阻隔等。分隔方式的选择适用于不同的空间区域，应根据具体情况而灵活处理。

图4-2-1　虚隔处理　装饰构架的设立加强了空间的区域性

图4-2-2　虚隔处理　利用光源的组织形式形成空间分割

图4-2-3　虚隔处理　天棚质感的变化加强了空间区域的界定

图4-2-4　虚隔处理　墙界面的凹凸处理

第三节　室内空间“虚体环境”与“实体环境”

空间的实体环境与虚体环境相互交融，实现形与神的碰撞，使得室内空间的美感得以显现。对室内设计中虚体环境与实体环境的研究有利于创造出符合人的生理与心理需求的高层次审美空间。

一、“虚体环境”与“实体环境”的含义

“实体环境”是指室内空间中实体占用部分，而与之相对应的虚空部分为“虚体环境”。室内空间的美感生成是实体环境与虚体环境交融时才会显现的。如室内家具、隔断、陈设物、绿化小品等占有的空间便是实体环境，是可以凭观感觉察，直接把握的。而虚体环境所造成的不定的、虚幻的、难以感触的空间，正是需要通过感悟和想象才能领略到的虚体环境。

二、“实以目视”“虚以神通”的设计内涵

空间中的实体物质是客观存在的，审美主体通过感观，尤其是视觉作用，直接捕捉到它们的表象信息，从而对空间实体产生一定认知，如实体的体积、形体、色彩、质感等差异，形成对实体的感性认识。

空间中存在的实体及众多实体的组织，总是按照设计者的审美情趣形成一定的秩序性。这种秩序的差异在与特定的实体之外的虚体空间结合下，会刺激审美主体心理，使之对虚体空间形成一些意象和联想，而这是一般的实体感观所不能达到的精神境界，故谓之“虚以神通”。

三、“虚体环境”与“实体环境”的辩证设计关系

实体环境与虚体环境是辩证统一的对立关系，它们相互依存共处于同一室内空间当中，它们处于相互对立关系的存在形式，而又交汇在一起，为塑造空间体现着不同的功用。实体环境与虚体环境都是室内设计内容的组成部分，只注意实体环境设计，忽略虚体环境，将势必导致设计的呆板和缺乏灵动性。虚体环境同样以实体环境的存在而产生，物质实体的形式序列设计直接和虚体环境形成了互动关系，两者你中有我，我中有你。而相比之下，虚体环境有时更能给审美者带来更多的遐想和领略到空间美妙的“神”境。

第四节　室内空间的绿色设计表现

随着社会化大生产对自然环境的破坏，人们亲近自然的意识越来越强，阳光、植物、水体、山石等自然界的元素也逐渐被引入室内空间。在这种情况下，各个层面的“绿色”概念和要求使应运而生。

一、绿色设计内涵及特征

（一）室内空间的绿色设计概念

绿色设计概念起源于20世纪80年代，又称为“生态设计”、“绿色环境设计”。绿色设计是基于对环境与资源的占有、使用和影响，将节约资源、降低能耗、预防污染以及减少对环境的破坏等方面作为设计的出发点和目标，最终实现可持续发展的战略目标。就室内空间的绿色设计来说，指的是在室内设计中引入绿色的设计理念，充分考虑环境、空间与人的关系，将空间的使用功能、空间的资源与能源消耗、空间对人的影响等问题融入设计。

（二）绿色室内环境的主要特征

从某种意义讲，无论绿色设计还是可持续设计，都有着许多共同点，它们是以尊重生态规律为出发点，以增强可持续发展为归宿，这是它们区别于传统室内设计的最主要因素。其特征大致有以下几点：

1. 强调人与环境的共生

绿色室内设计的出发点和归宿决定了它是以符合良性生态循环为己任的设计。因此，室内设计在满足实现空间功能价值，为人提供生理与心理双重满足的前提下，要充分结合自然条件、环境条件，并通过一定的设施、设备的利用，最大限度地利用可再生自然资源，减少不可再生资源的使用，降低能量消耗和减少排放。

2. 注重系统设计与高效

对室内空间来说，空间形态设计、室内物理环境设计、装饰设计，甚至是陈设设计都是系统设计中的一个环节，它们的有效配合将加强绿色理念的实现，反之效果将受到影响，尤其是对节能减排的影响。作为一个整体，这些工作应做到协同考虑，既要相互创造条件，又要通过有效配合尽量降低对相关参数的需求，以节约消耗和减少排放。

从工程的角度说，施工组织设计同样是绿色生态设计的保障。科学的施工组织设计可以将室内装修工程、安装工程等各个分部工程科学结合，以在一定程度上降低施工难度和避免重复施工，继而可以节约人工成本和材料浪费。

3. 推崇创新

创新是文明进步的标志，是生产力进步的标志，更是设计的生命之源。设计者应该从实际需要出发，不断调整思维模式，在现有技术条件的保障下进行创造性开发，提高实现“绿色环境设计”的广度和深度。

就绿化来说，传统的思维模式是在建筑室外地面、楼顶进行平面种植，室内大多采用各种盆栽增加空间中的绿化面积。这对于建筑内部空间来说，并没有最大限度地利用好植物对空间物理环境的调节功能。为此，从建筑的垂直立面考虑增加植物的种植便成为一个全新的创新性行为。这种全新的种植模式被称为垂直绿化，这种绿化方式可以在建筑外部形成保护层，吸收热量，降低室内温度，节约能耗。同时也可以起到降噪、滞尘、造氧等作用，全方位起到了对人的呵护作用。

4. 提倡生态审美性

可持续室内环境设计的生态设计观要求设计应突破传统设计方法，提倡“生态美”高于“形式美”。设计中要时刻以生态意识指导行为，从生态角度完成作品，评价作品。任何背离生态观的设计作品，无论从传统审美标准看多么完美，在生态设计观角度讲都是失败的方案。

这便要求设计者应摒弃过去追求奢华的、追求高端的价值观，不再着眼于烦琐的形式、高档的材料，而是以“适度美”去构筑空间，以可持续发展的意识去诠释生态内涵。

5. 力求环保

生态室内设计理念中最核心的要求是人的健康。对于室内环境来说，人的健康首先受到建筑材料和建筑装饰材料的影响。在大部分的传统建材中，醛、苯、酚、氡等有害成分是不可避免的，所谓环保只是量的差别，在这种情况下，除了尽可能选择环保级别高的材料之外，就是尽可能减少对含有此类成分的材料的用量。

二、影响绿色室内设计的因素

设计总是会受到各种主客观条件的影响，对绿色室内设计来说同样如此。一般情况下，绿色室内设计受到人文、自然、经济、科技、社会等因素的影响。

1. 人文因素

人文因素是影响绿色室内设计的最重要因素之一。

就设计者来说，其价值观决定了其是否具有绿色设计意识，是否具有向使用者推介生态设计的愿望。而其职业素养决定了其是否能够完成优秀的设计方案，这既是对其创造能力的考验，同时也是生态观念是否能够成功推广的保障。设计者应具有对空间使用者、对社会、对环境的责任感，将对文化的继承和发展作为自己的使命，将生态建筑的内涵和价值真正贯穿在作品设计的始终。

2. 自然因素

任何建筑都处于特定的自然环境中，自然环境的光、温、气、湿度等因素一定程度上决定了建筑空间的物理环境的适宜性和生态性。这些来自自然环境的资源是“无价”的，它既是我们可以无偿获取的，同时也是最洁净、最宝贵的。因此，当我们进行建筑和室内环境装饰的时候，无论从材料使用的角度，还是从进一步调整室内空间物理环境角度，我们都不可以破坏我们所依赖的自然环境，不能以破坏环境平衡为代价，也不能对其进行过多的污染物排放。同时必须通过科学分析光照、通风、温湿度等客观条件，从建筑空间设计角度尽可能把自然因素引入室内，以减少人工资源的利用，从而降低排放量。

3. 经济因素

绿色室内设计作品相对于传统设计作品的一次性投入要多，这便容易造成方案搁浅，因为使用者或者投资者往往会对更高的投入而纠结。事实上，从建筑的整个生命周期来说，绿色室内设计对于建筑运行的整体投入远低于传统建筑，所以这是一个当前利益和长远利益的问题。从另一方面讲，绿色室内设计可以有效地减少排放，这对整个环境来说是一个持续的利益，而这种利益是无法量化的，不是一般的经济利益所能比拟的。

4. 科技因素

室内设计方案的实施脱离不了对特定的科学条件和技术条件的依赖。首先，从建筑设计到室内空间设计中所涉猎的任何环节的装配都需要进行科学的测算，例如建筑构件的力学数据、空调系统的功率测算、电气照明的功率测算、窗户面积比的测算、隔音降噪的材料要求等。绿色室内设计需要科技的保障，而先进理念的诞生同时也可以推动科技的进步。

5. 社会因素

绿色室内设计是为人服务的，人是社会动物，受到社会的影响，这就决定了绿色室内设计不能离开社会而独立存在。对于使用者来说，其价值观和审美观的形成首先受到其长期生活的特定社会环境的影响，这包含着地域的、民族的特征，另外还有一定的受教育背景、兴趣爱好等个体因素。设计者应该以此为切入点进行设计定位，同时继续履行作为一名设计者继承和发展地域文化的社会责任。

三、绿色室内环境的艺术性

室内设计的任务是从使用功能和心理层面满足人们的需求，因此对美学的要求是室内设计不可或缺的，在绿色室内设计中同样如此。

绿色室内设计的艺术性，主要通过两方面来表达：一是为实现可持续发展的目标，采取的相应的可持续设计措施与手法所产生的新的艺术美感，表现出艺术性与绿色设计的内在关联；二是在绿色室内设计中，在遵循生态原则的前提下，用美学法则体现出的建筑与室内环境的高度艺术性。

1. 绿色设计与艺术性的关联性

满足人们的生理与心理需求是绿色室内设计的最基本要求，绿色室内设计的更高使命是尊重环境、爱护环境，减少对环境的掠夺，减少对环境造成的压力，以求人与环境的和谐可持续发展。为了实现自然资源的合理利用和各种实现可持续发展的手段，可能会在室内空间中出现一些“新鲜”元素，这些元素会让空间在视觉方面产生新的美感体验，增强了空间的艺术性。绿色室内设计中，可以将绿色设计和艺术性协同考虑，在以可持续发展为出发点和归宿基础上追求美学价值。

2. 绿色设计与艺术性的分离

绿色设计与艺术性的分离不是在绿色设计中抛开艺术性，而是指绿色室内设计不具有固定的风格，更不拘泥于特定的艺术形式，但其特有的内涵往往会表现出不同的艺术气息，尤其是生态主题更具有艺术感染力。

四、绿色设计在室内空间中的应用

（一）空间的可持续性设计方法

绿色设计在空间设计层面运用的意义重大，其具有纲领性作用，是整个室内空间可持续发展理念实现的首要环节。

1. 选择合理的空间分隔手法，灵活适应空间需求

从绿色室内设计的可持续要求来说，应该更加重视对这些动态需求的适应，设计中尽可能地多考虑这些可能存在的需求。这就需要设计师具有“动态”的宏观意识，在设计初始便将可能实现的空间弹性组织和陈设按需调整纳入设计统筹范围内，从可持续角度进行科学设计（图4-4-1）。现代建筑多采用框架结构，凭借柱子和占墙体较小比重的剪力墙，结合梁和楼板，共同构筑成建筑主体。这种结构方式让墙体从传统的承重作用中脱离出来，而主要起到分隔空间的作用。因此对于分隔空间的墙体材质的选择可以主要从便利、安全、隔音、环保、能源消耗等角度考虑，这便扩大了分隔空间的墙体材料范围。相邻空间功能跨度较小时可以采用限定性较低的材质或手段进行空间分隔，或者便于拆装的轻质隔墙进行分隔（图4-4-2）。而在有些只为起到观念上的空间分隔的情况下可以借助家具、绿化等手段进行空间分隔。

这些分隔方式有利于适应空间功能转化所提出的

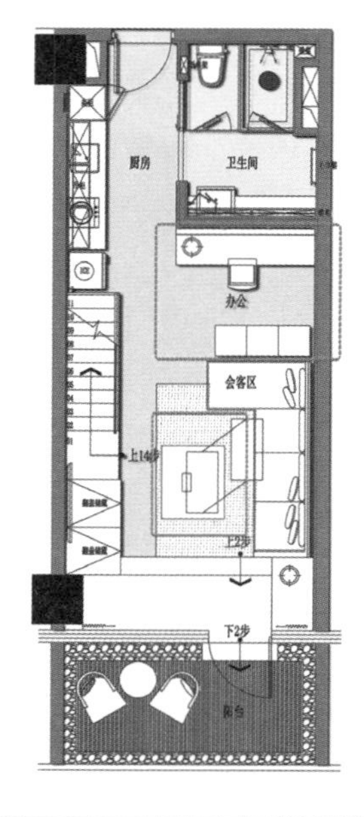

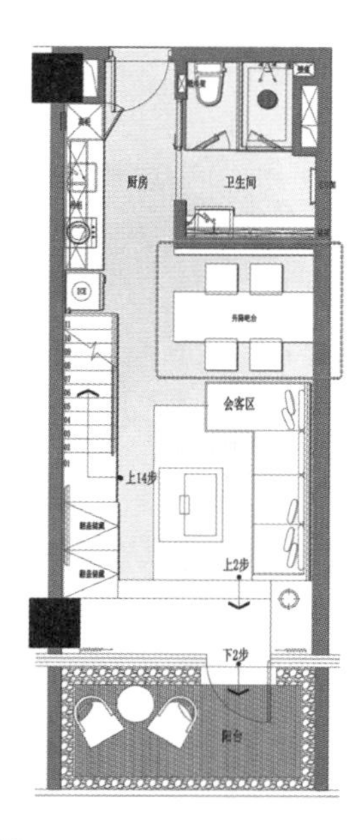

图4-4-1　居住空间的弹性设计

图4-4-2　通过折叠推拉门灵活分隔多功能空间

新的需求，有利于减少变换空间使造成的材料浪费、资金浪费和环境污染，是绿色室内空间设计的有效手段之一。

2. 科学组织空间，促进室内物理环境质量

合理的空间组织可以提高自然采光率、控制室温、导入新鲜空气、增强空气循环。不同地区具有各自不同的自然地理条件和气候条件，特定区域的气候条件包括温度、湿度、风向风速，甚至是阳光照射角度，这些因素对室内物理环境有直接的影响。空间设计中，设计师要把这些因素作为重点考虑内容，借助空间组织加强利用或有效规避。

例如，我国大部分地区风向为南北向，根据这个特点，空间组织时便要尽量考虑建筑南北方向的连通性，避免阻隔空气对流；同时尽可能加大空间南北进深，以避免因过多划分空间造成的空气循环阻隔，降低空气的流通性。而加大空间南北进深也有利于阳光的导入。同时可以利用空气动力学原理，采取窗户南低北高的做法，促进空气的自然循环。这种做法会降低人们对空调和新风的依赖，一方面节约了电能，另一方面也可以减少因空调系统依赖而造成的上呼吸道感染和空调系统中各种细菌的侵入。

对阳光的利用也应该采取科学手段。例如在屋顶安装遮阳格板，根据所掌握的阳光照射角数据调节格片角度，以起到根据需求控制阳光摄入量的作用，既可以解决自然采光问题，又可以维持室内温度的平衡。

3. 合理实现室内空间与室外空间的联络

墙体的保温性能是建筑节能的首要环节，冬季可以阻隔寒气，夏季可以阻挡热气，但对墙体保温的要求应根据各地的自然条件因地制宜地确定。例如，我国北方冬季室内外温差较大，尤其是东北地区，冬季室内外温差达到45℃。在这种情况下，建筑外墙需要很好的保温性能，甚至要根据风向着重对迎风部位进行保温的加强。而对于南方地区，其冬季室外气温不是很低，所以不必过多强调墙体的保温性能。窗户对于建筑的采光、通风作用，应该合理利用。从采光角度讲，窗户面积越大采光效果越好，但窗户的保温性能远不及墙体，因此

如果窗户过大，则不利于冬季御寒，同样夏天也不利于隔热，尤其是对南方地区来说，夏季高温、湿热，阳光通过窗户照射进室内，使室内温度快速升高，及时通风会有效降低气温。

就建筑节能来说，墙体的技术指标、门窗的技术指标等非常重要，而且应根据特定区域的温湿度、风力、风向、光照等因素进行综合分析论证，以制定科学的节能方案。

4. 室内家具的适应性

家具是室内环境中的主要用具，承载着重要的使用功能。对于小户型来说，由于空间紧凑，当功能需求多样的情况下，往往无法满足多种家具并存的情况。所以，家具功能的多变、兼容是对家具提出的新要求。多功能家具不仅可以满足不同的功能需求，同时也可以节约空间占有量，更重要的是可以节约资源。（图4-4-3）

（二）绿色室内环境的无障碍设计

绿色室内环境设计的宗旨是“以人为本”，尤其是对身体条件存在各种差异的个别群体来说，更需要个别地设计考虑，因此提出了“无障碍设计”。无障碍设计的目的是为了改善环境中不利于人们行动的因素，充分地考虑包括不同程度、不同类型的残障人士和基本行为能力衰减或丧失的弱势群体在内的所有人的使用需求，切实做到从生理与心理两方面实现对人的呵护。这既是社会文明的体现，又是对人权的基本保障。（图4-4-4）

（a）书桌

（b）餐桌

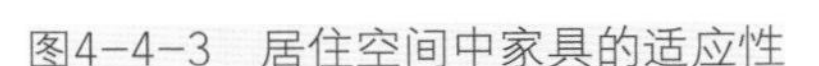

图4-4-3　居住空间中家具的适应性

图4-4-4　无障碍坡道设计

关于无障碍设计的具体内容和要求，国家住房和城乡建设部已经批准发布了《无障碍设计规范（GB50763–2012）》，这是现行版本的规范。

1. 无障碍设计中的安全因素

在建筑室内空间设计中，设计行为所涉及安全性问题主要是尺度问题。绝大多数室内空间设计的尺寸是基于普通人群人体工程学的，对特殊人群来说，难免造成或多或少的隐患。例如，常规踏步高度为0.15米，这个高度对一般成年人来说是非常适宜的，而对部分行动不便的老年人来说则可能会产生“一脚深一脚浅”的感觉，这样不仅会损害关节，还有可能因承力腿难以负重而跄倒。因此有必要针对行动不便的老年人和残疾人员设置坡道。而坡道的设计也需要考虑适宜的宽度和坡度，如果坡度过陡，行走中容易产生惯性，加之移步较慢，同样会造成身体跄倒的情况。再如扶手和栏杆，扶手和栏杆通常设置在楼梯、平台、走廊、回廊、内天井等区域高差较大位置，其作用是抓扶和安全防护。从抓扶需要讲，其高度应在0.7~0.8米之间较为适中，但这个高度低于普通人的身体重心，容易造成依靠倾覆隐患，所以其高度一般定在1.05～1.1米之间。而其垂直栏杆之间的距离也应考虑到避免儿童穿过。

除此之外，地面的光滑程度、长坡缓冲等问题同样是无障碍设计应考虑的安全问题，需要设计师系统考虑。

2. 无障碍设计的便利性

便利性是“使室内空间更好地为人所用”的基本目的的体现，室内空间及空间设施使用的便利性的要求对包括身体障碍人士在内的所有人同时受用。

（1）设施数量、位置要满足需求，体现便利

建筑设计中，设计师更多的是从满足规范要求的角度，例如楼梯和电梯。楼梯和电梯是室内空间的垂直运输设施，其数量的选择应考虑建筑的人员容纳量，根据人数预测确定楼梯和电梯数量，同时应该充分考虑人员高峰期的运载量。其位置的选择应根据建筑的平面布局形式确定，一方面要根据人员分布密度设置垂直运输的分布，另一方面也要兼顾相对距离。对于大跨度空间来说，垂直运输工具应适当分散，避免造成局部区域远离垂直运输设施的现象。这不仅是从日常使用角度讲，也是消防疏散的基本要求。

（2）细节设置充分考虑各种所需

细节决定品质，决定空间所能提供的服务品质，尤其是对身体残障人员来说，人性化的关爱更为重要。

就老年人和肢体残障人来说，尤其是对使用轮椅的下肢残障人员来说，他们有些行为需要借助额外的抓扶点。例如卫生间，根据国家对无障碍设计的相关规定，在飞机场、火车站、地铁站、学校、公园等公共空间中，需要设立专门的无障碍化卫生间（图4–4–5）。其设施应考虑肢体残障、视觉残障等各类残障人员的使用。其中对门、洁具、抓扶点、防碰撞处理等细节做了相关规定。卫生间门要可以双向开启，具备多个门把手，便于不同高度需要的人使用；门宽应可以顺利通过轮椅和双拐使用者通过；洁具的形状、高度应便于老年人和残障人使用；洁具四周应设置稳固的安全扶手和支撑杆（图4–4–6）；地面要具有良好的防滑性能；应具备良好的应急呼叫系统等。此外应考虑对易接触棱角部位采取钝化或软化处理，以防止视觉残障者碰撞造成伤害。

由于其肢体尺度和行为的非常规性导致他们对其他设施尺度也有特殊要求。例如，电梯门的宽度应保障轮椅能够顺利通过，电梯轿厢宽度要能容纳一辆轮椅及至少一个随行人员的站位。因坐轮椅者处于坐位操作状态，所以电梯按键高度应在约0.8米，以便于下肢残障者操作。对于走廊等通过区域及转角位置的宽度也应考虑方便轮椅调转方向，并适当考虑地面防滑。此外，公共场所的吧台、服务台等设施的高度也应考虑对下肢残障人员需求的满足。

（三）根据“绿色”要求选择和使用材料

材料的“绿色”要求是个综合因素，需要设计师和设计实施者共同综合考虑，以从各个层面同步实现。主要可从以下几个方面考虑：

图4-4-5　卫生间的无障碍设计

图4-4-6　洗浴空间安全扶手的设置

1．根据功能科学把握环保需求

材料的选用需要设计者根据空间的功能性质综合考虑其化学、物理特性和社会经济效益等。不同的建筑类型有不同的设计标准，不可一概而论。对于重点功能空间，尤其是人流大、人员密集，或者受用群体具有特殊性的空间，要加强对材料环保标准的把控，反之则可适当降低环保标准。

2．尽可能使用“绿色装饰材料”

“绿色装饰材料”又称生态材料，健康材料等，其特点是原材料主要是工业和城市固态废弃物，使用少量的天然资源和能源，生产采用清洁技术，产品具有无毒害、无污染、无放射性特点。它与传统的建材相比，具有“无污染性、可再生性和节能性”三大优点。

（四）绿色室内环境的科技化、智能化

绿色室内环境质量的提高，是各学科综合运用、相互配合的结果，比方说人类工效学、视觉照明学、环境心理学、物理学、力学等相关学科，以及需要新材料、新工艺的大胆开拓与应用。通过各方面的共同努力提高室内空间的声、光、温、气等物理环境质量，提高室内空间微环境自我平衡能力，做好能量守恒和减少排放的技术体系。

设计师需要具备对新事物敏锐的发现和接受的能力，大胆应用新科技技术，例如在建筑设计中将南向窗户做低，北向窗户做高，同时借助室内层高的科学设置运用空气动力学原理促进室内空间的空气循环，既可以利用自然能源保持室内空气质量，又可以自然调节室内温湿度的平衡。再如通过声、光、温、湿传感器的探测能力设置智能控制系统，让室内照明系统、空调系统、保湿系统根据预先设置参数，在室内光、温条件变换情况下自动进行工作控制，让环境始终处于宜人的状态，同时可以有效节约能源。（图4-4-7）

设计师还应具备勇于创新的精神，通过不断提出新的技术需求来推动科技的发展。

（五）室内空间的绿化设计

绿化对人的身体健康、心理健康都具有重大意义。室内绿化造氧、滞尘、保湿、降噪声的基本功能可以形成室内空间良好的小气候，为人们提供纯净环

图4-4-7　亚马逊办公总部利用植物、温控、送风系统模拟特定自然条件

境，呵护人的健康。在空间中，可以根据植物的生物学特性选择适宜的植物，消除空气中的不利因素，例如利用玫瑰、桂花、紫罗兰等芳香花卉产生的挥发性油类进行杀菌，利用虎尾兰、吊兰、芦荟吸收空气中的甲醛，利用常青藤、铁树、菊花、金橘、石榴、月季花等清除空气中的二氧化硫、氯、乙醚、乙烯、一氧化碳、过氧化氮等有害物。

（六）室内光环境中的绿色设计

光是人类得以生存的基本条件之一，同时也是我们从事一切活动的保障。不仅如此，合理的光环境对人的身体健康、精神状态都具有积极的意义。对于室内环境的采光来说，分为自然采光和人工照明两部分。

1. 自然采光

自然采光即对太阳光的利用。从使用的角度说，自然采光在白天可以给房屋提供照明，使得房屋明亮，满足生活和工作需求。同时，太阳光线可以带来温暖，大大降低人们的取暖消耗。因此，在建筑空中尽可能多地使用自然光是采光设计的基本原则。从室内空间设计的角度来看，应充分利用建筑设计手段引入自然光，例如通过窗户的位置、尺度、数量，通过空间跨度的控制，通过内庭、内廊等手法引进自然光。

2. 人工照明

人工照明是室内采光的重要组成部分，是自然采光的必要补充。人工照明对于室内空间的意义就有使用功能和审美效果双重意义。绿色室内照明设计应从以下几个方面入手：

（1）照度设置

对于室内空间来说，空间功能的差别对照明有不同的要求，这取决于空间功能的性质。例如，人在工作的时候往往需要长时间关注度很高地看着目标物，这种行为方式很容易造成视觉疲劳，尤其是照度不适宜的时候，无论是照度过低，还是照度过高，都容易造成视觉疲劳，甚至损坏人的视力，所以像这种明视照明功能的照度设置必须严格遵照科学数据。其他环境照明、装饰照明尽管也要求根据区域的功能设置相应的参数，但相对来讲弹性要大一些，尤其是对装饰照明来说。例如对装饰画或者摆件的照明，若照度偏低，会表现为被照物暗淡，装饰效果不强，照度过高的话，则也容易给人造成视觉的不舒适感。

（2）光源选择

目前普通空间室内照明中LED光源用量最大，其最大优势是发光效率高，节约能源，使用寿命长。光源的色温对被照物真实颜色的显现有很大影响，同时也可以影响环境氛围和人的情绪。例如低色温容易让人郁闷、烦躁或暴躁，高色温容易让人安静、沉稳，甚至是消极，只有最接近太阳色温的中性光最适合大面积使用。

（3）照明方式选择

照明方式影响着室内空间中的灯光效果和能源消耗，照明方式的选择应在满足使用功能和一定的环境氛围营造的基础上，考虑降低能耗。例如，对于复合功能空间来说，应该根据各个区域的功能差异采取分区一般照明方式，既可以确保各个区域照度要求的满足，又可以形成空间光分布的节奏感，同时可以通过个别区域照度标准的降低减少电能消耗。再如，从光的分布角度讲，直接照明方式能将更多的光照射到目标被照物上，而间接照明相对来讲光散失率高，因此当所需空间照度确定的情况下，相比之下直接照明方式消耗更少的电能便可以达到要求。

（4）设置智能照明控制系统

能源节约意识不是每个人都具备的，不经意间的生活习惯会造成很大的能源浪费。因此，设置合理的自动控制系统，是行之有效的能源节约方式。

思考练习题

1. 简述室内空间设计组织的重要性。
2. 简述“虚隔”与“实隔”的美学思想。
3. 根据本章中学习的“虚隔”的分隔方法，在设计练习中尝试“虚隔”方法的综合运用。
4. 为什么说平面布局设计是室内空间设计过程的关键步骤?
5. 简述绿色室内设计的内涵，及其对室内设计的应用意义。

第五章
室内环境的界面设计

PPT 课件，请在计算机上阅读

第一节　室内环境界面的设计要求

一、室内环境界面设计特点

室内设计要与建筑的特定要求相协调，功能不同的建筑要有体现其功能特点的室内界面设计。室内界面设计要体现建筑本体功能性质的要求，界面设计的特点与建筑本体功能性质是有机联系的，不可简单割裂。有些不同功能的建筑内部空间，往往存在使用功能相近或相同的功能区域和功能空间，所以在设计中也不能够一概而论。

二、根据使用者特点设计环境界面

装饰空间的目的是在其被使用的基础上，满足使用者的心理需求，因而室内界面设计要注意使用对象的审美变化，根据不同空间的使用者的年龄、性别、职业、兴趣爱好、文化背景等个体差异，进行具有个性特征的界面设计。

例如，居室有成人、老人、儿童，儿童居室又可分为男童居室和女童居室。不同类别的人有不同的个性特征，应该有针对地采取不同的设计方案，营造出或稳重老成或幼稚天真的室内气氛，以塑造适合使用者的个性空间（图5-1-1、图5-1-2）。

三、要利用视觉规律设计环境界面

空间设计中，区域的规划是影响视觉规律的直接因素，而各界面的装饰处理同样具有不可忽视的作用。通常室内空间通过色彩的配置，图案、线型的处理，材质搭配，灯具造型、灯光明度的选择等，使空间界面丰富多彩、完整统一、富有特性。例如，某些商业建筑墙面采用镜面装饰，使局促的拥挤空间产生开阔延伸感；一些商场地面的图案与柜台的布置式样暗示出行走流线；还有一些场所用鲜明的色块，明亮精致的壁灯暗示楼梯口的位置等（图5–1–3）。

四、利用装饰材料的质感和色感设计界面

质感粗糙的装饰材料表面给人以粗犷、浑厚、稳重的心理感受，反之则给人以细腻、精致、纤细、微弱的感受，这在体现空间使用特性和空间个性时有很强的表现力。另外，在质感处理上要注意质感均衡的问题。一般的讲，大空间宜用粗质感材料，近人的小空间宜采用细质感材料。大面积墙面用粗质感材料，重点装饰的墙面选用细质感材料。

质感的变化还应与色彩的变化均衡相称。一个空间里，如果色彩变化多，材料质感变化就要少；反之，如果色彩变化不丰富，那么材料质感变化要相对多一些（图5–1–4）。

五、要注重整体环境效果、坚持经济实用的设计原则

任何事物都是由局部所组成的整体，尽管整体不等于部分简单的叠加，但事物局部的性质或特征的变化，必然会对事物整体的效果产生一定的影响。就室内空间这一有机整体来说，其各个界面的装饰效果直接影响到整个室内环境的效果，因而，在个体界面设计时必须通盘考虑，要在保障整体效果的范围之内适度加以界面的个性化处理，个性化处理的结果要符合整体设计定位的大统一。

在室内设计中，应准确理解“美”的内涵，不能够把“奢华”与“美”混为一谈。镶金嵌银、珠光宝气的装饰设计有时不仅不会产生美感，反而会产生庸俗感，乃至令人反感。同时，奢华的装饰必然是以耗费重资为代价的，其做法不能不说有悖于装饰之本意。设计师不论设计什么档次的室内界面，都应掌握一个原则；在同档次中，投入最少的资金，做出最好

图5–1–1　沉稳素雅的成人居室

图5–1–2　天真、活泼的儿童房设计

的设计，反映出最佳的设计文化品位。

六、要充分考虑界面的装饰因素与技术性因素的相互配合

在室内空间的界面设计中，当选用不同的装饰形式、装饰手段时，必须要充分考虑房间构造的坚固程度。一味的追求装饰而忽略构造的安全技术性，势必将遗留安全隐患，降低安全系数，这种装饰结果往往适得其反。此外，设计还要考虑到具体实施中的施工难易程度，如果轻易地增加施工难度，一方面会造成人工的额外耗费，进而增加工程造价，另一方面也有可能会使得完成结果不能达到原设计的预期效果。

总的来说，室内空间的设计要在考虑美感的基础上，加强装饰因素与技术性因素的结合，充分考虑构造安全、施工便利等实际问题，真正成为以人为本的可行性界面设计。

图5-1-3　形式独特的楼梯拐角

图5-1-4　墙、地面不同材质和相近色彩的结合形成统一而又丰富的视觉效果

第二节　天棚的设计

一、天棚的形成

天棚是在楼板和屋顶的底面形成的。天棚的设计目的是掩饰粗陋、冷漠的原建筑楼板和原始屋顶的底面，形成更亲近人的天花。

天棚的形式和材料类别多种多样，制作方式也存在着差别，其应用要根据环境的功能性质和空间的具体情况而定。

吊装方式上，可以直接和室内结构框架连接，或者在结构框架上吊挂。一般情况下，吊装方式的选择由材料的特点、空间高度以及天棚内隐蔽的管线设施的数量和体积决定，其中更重要的是后两者。

二、天棚的高度对空间尺度有重要的影响

天棚的高度会形成空间或开阔、崇高，或亲切、温暖的感觉。它能产生庄重的气氛，特别是当整体设计形式规整化时更是如此。当天棚凌空高耸时，会给人形成纵向的空旷感和崇高感，而低天棚设计会表现出隐蔽保护作用，使人有一种亲切、温暖的体验。但是，天棚的高度也不能因此而随意处理，天棚高度的确定必须与空间的平面面积、墙面长度等因素保持一种协调的比例关系。比方说，如果空间的平面面积很大，而天棚高度相对较低，那么其结果将不会是亲切、温暖，而必定是压抑、郁闷的（图5–2–1）。

三、天棚的色彩设计

天棚的空间位置，决定了对空间高度的影响，而其色彩设计更是决定着审美主体的心理感受。天棚的色调选择要根据空间的功能性质，冷色调的天棚显得空阔，适用于办公系列空间；暖色调的天棚亲切温暖，尤其适合家居、餐厅空间选用（图5–2–2）。

冷暖色调的运用，需要设计者有很好的色彩控制力，如若冷暖倾向控制不当，则很有可能使人形成紧张和焦躁感。因而，通常情况下，除了娱乐空间之外的其他空间的天棚色彩设计，大多可以采用中性色为主调，局部配以一定的冷暖色彩变化。这种做法能够保障天棚的稳定感，不会对人的心理产生负面影响。

四、天棚的图案设计

天棚的图案设计形态，构成了室内空间上部的变奏音符，为整体空间的旋律和气氛奠定了视觉美感基础。

如线形的表现形式具有明确的方向感。格子形的设计形式和有聚点的放射形式均能产生视线向心力和吸引力。单坡形的天棚设计引导人的视线向上伸展，直至屋顶，如有天窗则更能引发人们的意趣和向往。双坡形天棚设计可以使注意力集中到屋脊中间的高度

图5–2–1　低天棚小空间更添了亲切氛围

图5-2-2　暖色调天棚下温馨的就餐气氛

图5-2-3　具有包容之感的凹形天棚

图5-2-4　连贯的墙界面、天棚界面设计

上和长度上，具体要看暴露出的结构构件走向而定，它会产生安全心理感受。中心尖顶的天棚设计给人的感觉是崇高、神圣，引导着人们的视知觉走向单一的、净化的境界，如教堂等。凹形的天棚设计会使一个曲面与竖直墙面产生缓和过渡与连接，给围合空间带来可塑性与自然宽容性（图5-2-3、图5-2-4）。

五、天棚的设计作为一种功能的部件显现着独特的功能

天棚的设计既影响到空间的照明、声效，也影响到使空间变冷或变暖的物理能量问题。

天棚的高低和它表面的形式特质影响到空间的照明水准，由于天棚上并不常布满各种部件，所以当天棚平整光滑时，它就成为有效的反射面。当光线自下面或侧面射来时，顶棚本身就成为一个广阔的柔和照明表面。

天棚是房间内部中最大的而又占用最少的界面，所以它的形状设计和质地显著地影响着房间的音质效果。在大多数情况下，当空间中其他部件和表面都是吸音材料时，如选用光滑坚硬的天棚表面材料，会引起反射声或混响声。在办公室、商店、旅馆，由于需要用附加的吸音面去减少噪音的反射，所以经常选用吸音型天棚材料。当空间的回声在两个平行的不吸音表面之间来回反射时，便会产生声波颤动，比如一个平坦的硬质天棚直对坚硬的花岗石地面。穹隆顶和拱顶会汇聚成声焦点，强化回声和颤音，减弱颤音的办法是增加吸音表面，或者改变天棚表面平整、单一的

结构（图5-2-5）。

在冷暖气流方面，高的天棚设计会使房间中的暖气流得以上升，同时使冷气下沉至地面，这种空气流动方式使高顶棚空间在暖季舒适愉悦，而冷季则难以加热室温。相反，低天棚空间聚积热气流，较易将室温加热，但在热天可能会感到不舒适。

图5-2-5 天棚的异型结构有利于声效的调整

六、天棚设计的分类

1. 居住室内空间的天棚设计

居住空间是人类需求量最大的建筑室内空间。人们在长期适应自然并改造自然的过程中为人类自己创造了丰富多彩的居住建筑类型。居住空间是个体化空间，它应该最大程度的满足使用主体的需求。使用主体的需求则受到使用主体的个体因素及社会因素的制约。个体因素主要是因使用者所处的社会环境、所崇尚的民族风俗、所遵循的生活习惯，以及其受教育程度、职业特点、业余爱好等条件形成的个体差异；社会因素主要是社会的整体文化氛围、社会经济技术条件等现实差异。因此，使用主体的需求也就决定了住宅天棚设计的千变万化。

（1）从使用功能的差异分析居住空间天棚设计　使用功能的差异对天棚的设计有不同的要求。

图5-2-6 起居室天棚设计

卧室是供人们睡眠休息使用的房间，要求宁静和有较好的私密性，其天棚设计一般以淡雅宁静和平滑舒展的造型为主。色彩以温馨亲切为宜，当然还要结合使用者的具体情况进行综合考虑。

起居室是一家人日常生活共聚的场所，大多数情况下兼有会客、视听、娱乐等功能，其天棚设计就相对讲究装饰性，以体现家庭生活的温馨和活泼气氛。明亮的色调能创造出活泼亲切的气氛，而过分豪华的装饰和材料堆砌会给人以压抑感（图5-2-6）。

餐厅可以和起居室设置在同一顶棚下，而空间较大的情况下则可以独立设置，其装饰力度一般不必过重，一盏精美、个性的垂吊灯具也不失为得体的装饰点缀（图5-2-7）。

图5-2-7 餐厅天棚设计

儿童房则应该体现儿童的天真烂漫，不妨在天棚上悬挂一些饰物或玩物，或用金属、木质格片设计成透空性暴露结构，便于孩子悬挂心爱之物。但对于儿童房的设计来说，因儿童天生的顽皮好动，故安全因素尤为重要。

书房应该设计的清静而又富有高雅情调，天棚形式以简洁为宜。

厨房、卫生间的天棚设计一定要达到防水、防火、通风和有利于清洁卫生等功能的要求。现代化的住宅及宾馆的卫生间天棚，往往因设备管线维修的需要而制作成活动形式或可拆装形式。

（2）从地理环境的角度分析住宅空间的天棚设计　不同地理环境的区域，其气温和空气湿度存在很大的差异，这也是天棚设计所应考虑的因素之一。例如，我国南方地区由于夏季气温较高，空气湿度较大，应十分注重解决室内空间的通风问题。可以利用天棚的高低变化及风口的设置来组织穿堂风，以起到降温去湿的作用。而北方寒冷地区的住宅则多做成封闭的天棚来保持室温。此外，合理地处理好室内保湿隔热也是天棚设计应注意的功能性设计之一。

（3）从居住空间所属的建筑类型的不同分析居住空间的天棚设计　居住空间有独立式、多层和高层公寓式及集体宿舍式等类型。多层和高层室内空间因受到建筑层高的限制，天棚的建筑标高较低，在设计天棚时往往要从材料的色彩、质感和灯光的设计配置来取得小变化与大统一，此外还可以适度进行一些简单的层次变化或线角的装饰，但不宜做过多繁琐的设计处理。

色彩的处理在小居住空间里显得特别重要。低明度色彩粉饰天棚能起到一定的延伸感。各种调和的灰调，可以获得柔和宁静的气氛。此外，色彩的选配还要注意与整个室内环境相协调和相互衬托，在同一房间内，从天棚到墙面、地面，色彩明度宜从上到下渐趋深暗，这种变化能扩展视觉空间，增强空间的稳定感。

2. 旅游室内空间的天棚设计

旅游室内空间是人们休闲度假、情感交汇的场所，其设计除了要满足基本的使用功能之外，更重要的是要体现一定的文化内涵。旅游空间通常情况下都有一定的文化定位，要反映民族特色、地方风格、乡土情调或体现都市的风情。

（1）大堂空间的天棚设计　大堂的天棚设计首先要考虑空间的平面分区，其块面的分割要同地面的功能布局相呼应。相对于不同功能的局部空间，可以适当采用不同的装饰形式来强化功能布局的区域性。比方说，在中心休息区位置，可以组织结构相对复杂、层次变化丰富的天棚设计（图5-2-8）；在大堂酒吧位置，可以进行天棚的局部下沉变化，或适度的情调化处理；而对于通道区域，则可以采用简单的平顶，或优美的流线形式，以增强导向性。

图5-2-8　酒店大堂休息区天棚设计

在进行天棚的装饰设计时，要同安装工程设计相协调，一般情况下，要求安装设计在符合规范要求的前提下，配合装饰效果的体现；而在安装工程无法调整时，则天棚的装饰设计必须灵活变通。总的要求就是天棚面上的灯具、风口、检修口、喷淋头、烟感报警等既要能够按要求实现其使用功能，又要排列美观，有助于整体装饰效果的美化，至少不破坏装饰效果。

大堂天棚材料的选择，主要是使用轻钢龙骨纸面石膏板。局部可以根据空间的风格定位，尽量使用同一风格的装饰材料，以烘托氛围。例如用尊贵的红

图5-2-9　酒店大堂明净的玻璃采光顶棚

图5-2-10　天棚的异型结构有利于声效的调整

图5-2-11　统一、连贯、自由、生动的餐厅天棚设计

木体现华贵的中国传统风格，用轻盈的竹编体现隽秀的江南风情，用白钢和明净的玻璃组成的采光顶，体现爽朗、清新的现代气息等等（图5-2-9）。

（2）餐厅空间的室内天棚设计　餐厅的设计要点是营造轻松舒适、环境幽雅的就餐气氛。

普通中小型餐厅的天棚设计，不需要做过多的装饰形态表露。采用较为明快的暖色调，给人以舒适的感觉，要避免浓妆艳抹、灯红酒绿的庸俗设计。在组织有序的坡屋顶结构下悬挂一些简单的彩带、灯饰，或在平滑的天棚上镶嵌一些漫步式的筒灯，再配以迷人的灯光与背景音乐，以形成高雅的就餐情调，而具有浓厚地域文化背景和特征的装饰形式与色彩，更能够强化餐厅的独到品位（图5-2-10）。

大餐厅的天棚设计还需要注意整体空间的连续性，天棚的造型与装饰不宜变化太多。为避免单调，可在平滑天棚上作一些圆形的凹面或用连续的曲线变化形成高低渐变的灯槽，在槽中配以灯饰来形成自由活泼的气氛（图5-2-11）。

（3）休闲娱乐空间的天棚设计　休闲、娱乐室内空间的天棚设计，具有最广阔的创造空间，无论在形式的安排上，还是在材料的选择、色彩的搭配上，但凡是与其格调定位匹配的设计要素，都可以运用。

天棚装饰造型的形式组织上，主要是依据空间的动静特点进行设计。例如，对于格调高雅的酒吧来说，不能缺少“静”的特点，其天棚形式必须相对规则、均衡，适度的优美曲线也会增强其舒展、优雅之感，而过于强烈的对比形式则会破坏酒吧的静谧气氛（图5-2-12）。

又如喧闹的迪厅，其激烈的气氛要求天棚的设计体现随意、狂热的特点，因而，其形式不拘一格；如造型曲直方圆的墙面对比、造型走向的矛盾冲突、层次的跌落起荡、装饰物的凌空悬挂等形式和手法，都适合用来做迪厅天棚的装饰之用，当然迪厅天棚

图5-2-12　自由弧线天棚使酒吧更具舒展、从容之感

图5-2-13　简洁而富有动感的天棚形式

图5-2-14　具有一定导向性的商场天棚

还可以使用裸露的楼板与局部吊顶相结合的设计效果（图5-2-13）。

休闲、娱乐空间天棚材料的选择，要将材料的固有属性和性格特征结合起来考虑，看其是否与环境的功能性质相匹配。例如，桑拿房洗浴空间的天棚材料，首先要具有很好的防潮性能，以延长其在高湿度蒸汽环境下的使用寿命。桑拿浴室作为一个休闲活动场所，本身具有一定的消费层次，一般采用铝塑板、金属类装饰天花板材更加适宜。

3. 商业室内空间的天棚设计

商业室内空间的天棚因经营商品的种类、范围、规模、性质不同而应采用不同的设计形式与风格。

例如超级市场的天棚设计，通常情况下天棚设计形式比较单一。人流量大是超级市场的一大特征，安全和消防问题不容忽视。因而消防、通风、空调等各类设备一般都是安装在顶棚之上，所以顶棚的设计必须便于其维修和维护。目前，超级市场的顶棚设计大多是采用块状活动吊顶，一方面便于拆装，另一方面也经济适用，而采用块状矿棉板吊顶，更能够保障超级市场的消防安全。当然，在超级市场中也可以不进行吊顶，只是对原建筑楼板底面和各类设备的管件进行一些简单的美化处理。

大型的购物商场，尤其是经营高档衣物、皮具、化妆品、珠宝首饰的商场，或者是商场中这类商品的专区中，环境的设计要具有高雅的格调，以衬托出商品的高档性，也便于形成良好的购物气氛。在大型购物广场中，由于其多为开阔空间，故墙面界面所占的比重比较小，且很大一部分都被展架所遮盖，地面除了通道之外，大部分面积也被展架所覆盖。因此，商场购物的气氛在很大程度上主要靠柱子、展柜、天棚来烘托，而其中，又以天棚的面积最大，所以天棚的作用是不容忽视的。在天棚具体的设计中，要根据商场所经营商品的类别、特征来进行个性化设计，体现不同商品的特点。商场的公共空间（如通道）则一定要具有连贯性、体现统一性。天棚设计还要与整体空间的流程组织相吻合，要具有辅助的导向作用（图5-2-14）。作为一个基面，天棚要便于灯具、通风口、各种探头、指示牌的安装。此外，吊顶设计应易于拆装以便于设备检修。

其他小面积的商业空间，例如专卖店和精品店的天棚设计，最为灵活多变。相对少的商品种类，使得其装饰设计风格的针对性加强。天棚的设计可以围绕主要产品的特点展开构思，采用与产品特征相关联的吊顶形式和色彩，形成高度统一的环境氛围。小面积商业空间的天棚设计，对设备检修的预留要求相对要低一些，但要适度考虑（图5-2-15）。

图5-2-15 精品店天棚设计

图5-2-16 办公区域的天棚设计

4. 办公室内空间的天棚设计

办公室内空间要尽力考虑环境的美化。办公室内空间的天棚设计，要根据各办公分区的重要程度，进行主次明确的形式设计。在重点区域同样根据需要采取形式各异的天棚设计。

（1）集体办公区域的天棚设计 办公环境追求简洁明快，在开敞式的集体办公区域，天棚的形式不宜进行复杂的设计，通常采用平顶，以避免浮躁的形式影响员工的心情、干扰员工的注意力。天棚大多选用块状硅钙板、矿棉板等经济实用的材料。在设计时，应将规格板进行预排，确定整体的板块分布，并对灯具、烟感报警，尤其是消防喷淋头的位置进行合理规划，避免各种设施与吊顶龙骨之间发生冲突，减少不必要的损失，并能够更大限度的体现整体装饰效果（图5-2-16）。

（2）主管室、经理室、接待室、会议室的天棚设计 在办公环境中，主管室、经理室、接待室、会议室属于重点区域，是着重设计的空间。主管室和经理室的天棚设计简繁均可，如大面积的采用纸面石膏板平顶，而局部进行简单的上翻造型处理，会使天棚显得简单而又具有现代感，从而体现出空间使用者的直率、精干；接待室作为公司会客之处所，更要体现出公司的企业文化，天棚的设计应该让人感觉亲切宜人，适当的复杂设计可以彰显公司的实力；会议室的天棚设计一定要满足人们开会时对光照度和宁静氛围的要求，其造型的组织要舒缓平稳、简洁高雅（图5-2-17）。

图5-2-17 富有动感的会议室天棚

图5-2-18 办公区域走廊吊顶设计

（3）前厅及走廊的天棚设计 前厅的天棚设计要根据其空间的面积，在小空间中一般不必要做过多的造型变化，应以简洁为宜。走廊的天棚设计要考虑其导向性，在高档的办公空间中，可以考虑走廊天棚的造型变化和个性处理。而更重要的是，走廊天棚的造型要考虑构造的合理性，一般来说，现代办公空间的走廊比较长，这种情况下，吊顶很容易出现裂缝，为此，可以通过造型将天棚分成几个段落，这样既能够避免天棚的不规则断裂，同时又能改变天棚单调、呆板的状态。其形式若能与墙界面造型相互呼应，效果更佳（图5-2-18）。

（4）其他附属空间的天棚设计 附属空间是指办公人员生活和改善办公物理环境的必备设施所占用的空间，例如：卫生间、盥洗室、开水房、配电室、各种机房、控制室等。这些空间的天棚设计可以尽量简单，有的空间（如机房）完全可以不吊顶。

5. 文教空间的天棚设计

文教空间包括学校、图书馆、医院等室内环境。文教空间的突出特点是环境安静，其天棚设计不必苛求繁琐、华丽的形式，而主要从功能和经济因素的角度考虑，通常应力求简洁、明快，以塑造清新、静逸之感，增强空间功能性质特点的体现。

（1）学校室内天棚设计 从学习空间的建筑结构上看，一般可分为普通教室和大型的集体教室。普通教室一般采用暖气供暖，且大多没有消防、通风等设施，所以确定天花的高度要考虑其对空气流通的影响，要适当提高。普通教室的面积和空间高度都接近于平常的室内空间，既不需要考虑室内热量的散失，又无需要隐蔽的设施，所以一般可以不进行吊顶，而直接对建筑构件进行粉饰处理。这样处理既经济实用，又可以防止花哨装饰分散学习者的注意力。

大型集体教室一般空间开阔，其天棚设计要适度进行声学方面的考虑，以避免回音或声音散失。

（2）图书馆室内天棚设计 图书馆是大型室内建筑空间，藏书空间和阅览空间是它的主要功能空间。藏书空间的天棚设计要根据环境的具体情况而定，如若空间高度较大，则需要考虑天棚对室温的调节作用，同时应该在一定程度上考虑与消防设施的结合，适度进行美化处理，无论是总体吊顶还是局部吊顶皆可，但必须选用具有良好防火性能的材料。

阅览室是人长时间使用的空间，一般都进行吊顶处理，一方面可以改善室内的物理环境，另一方面可以掩盖粗糙、生硬的顶部建筑构件，给人一种舒缓、轻松的感觉。其天棚材料和形式的选择要考虑声学效果，减少噪音干扰（图5-2-19）。

（3）医院室内天棚设计 医院的室内天棚设计要根据不同功能空间的性质和特殊要求而定，例如手术室和各种设备室的天棚设计要考虑光效果或其他对设备工作有影响的方面；病房是病人疗养的居住场所，其天棚是病人视域范围内的主要对象，天棚在形式、材质、色彩方面的运用，都要考虑能够给人带来平静、温馨、舒展的感觉和积极影响，同时也要考虑方便输液瓶的吊挂或事先预埋吊件等问题。

6. 观演性室内空间的天棚设计

观演性建筑通常是指可供大量观众观看演出的建筑物，如影院、剧场、音乐厅、杂技场等等。这类建筑物的天棚设计都有较高的视听功能要求，尤其以观众厅的天棚设计为重点，其形式的变化、材料的选择要充分考虑对室内声、光、温、气等物理性能的影响，因而相对来讲显得较为复杂。

（a）

（b）

图5-2-19 阅览室天棚设计

以剧场为例，天棚设计应力求简洁、封闭、适当增加反射面，合理布置吸音材料，以保证语音的响度和清晰度。天棚设计除了满足较高的厅堂音质要求外，对光电和其他设备的设计要求也较高。舞台区的天棚设计应力求体现最佳的音质，观众厅区的天棚设计应根据演出的需要进行综合设计。整个大厅音质的必要条件是足够的响度，最佳的混响与直达声响的交融，它不仅取决于天棚设计材料的选择和布局以及形式的变化，而且与整个大厅的墙界面、地界面和大厅的整体结构和面积都有着密切的关联。不同的演出剧种，对观众厅和舞台的天棚设计要求也不同，专业性强的剧场，可根据剧种的要求进行有针对性地设计，多功能的大厅则需考虑不同演出性质的需求进行多功能设计，往往可以借助于悬挂天棚的不同变化（例如升降、变形、变向等）来改变大厅的结构和声响效果，从而满足不同演出的功能要求（图5-2-20）。

图5-2-20 剧场舞台区天棚设计

七、天棚的表现性设计

室内空间天棚的设计，在不同功能性质的空间、不同结构的建筑中，其形式变化各异，体现着不同的美感特征。

图5-2-21　平整式天棚

1. 平整式

平整式天棚即表面无凹凸变化的平面天棚，单纯的无层次变化的曲面和斜面天棚也属于平整式之列。

这种天棚可以利用原建筑结构基面，将楼板底面粉刷而成，也可以通过后期吊装成型。平整式天棚的特点是构造简单、装饰便利、朴素大方、造价经济，因而，非常适合在候车室、展览厅、休息厅、办公空间、商场等空间中采用。其形式特点，既塑造出整洁、清爽的空间，又渗透着现代感。它的艺术感染力主要来自顶面色彩、形状、质地、图案及灯具的有机配置（图5-2-21）。

2. 凹凸式

凹凸式的天棚就是天棚表面有一定的凹凸变化，体现出一种面的层次关系，也称立体天棚。

这种天棚造型华美富丽，适用于舞厅、餐厅、门厅等空间。以凹凸形式为基本形态，搭配以金属壁纸、木饰面、彩绘，或其他新兴复合材料，均能够塑造出不同文化品位的环境气氛。而与暗藏灯带、吊顶等各类灯具配合使用，灯光交汇、形态互补，将形成浑然一体的完整形象。

凹凸式天棚设计，必须对同一造型单元中各层次的面积和深度的比例关系进行全方位的比较，各层次之间的高度要有一定的节奏变化，面积对比要适中，每个层次自身的面积与高度的比例，也要具有一定的审美性。在大型空间中，有时候需要天棚具有一定的深度，以求得天棚深度与墙面高度的协调，这种情况下的凹凸式天棚设计，切忌依靠肆意拉大层次间的深度来保持整体高度，以免显得生硬、空洞，要大胆采用复杂的层次变化，通过层次的分组归纳，既可以达到预期高度，又能够使层次的组织上保持必要的秩序性（图5-2-22）。

3. 悬吊式

所谓悬吊式，就是在天棚的承重结构下，悬吊各种形式的搁棚、饰物、板块等装饰物体，所形成的一种天棚形式。其特点是天棚的部分单体与天棚整体之间存在视觉上的脱离关系。

这种形式的天棚，往往是为了满足声学、光学等方面的要求，或是为了追求特殊的装饰效果。因而，经常用于体育馆、影剧院、音乐厅等文化艺术类室内空间中，另外，因其新颖别致的形式、轻松活泼的感觉也常用于舞厅、餐厅、酒吧、茶社等休闲娱乐空间，具有另一番意趣。

悬吊式天棚布局随意，不拘泥于一定的形式，不过其某些单体具有一定孤立感、突兀感，因而，要求设计者谨慎使用，以免造成空间的不稳定感（图5-2-23）。

4. 井格式

井格式是结合自然的井字梁构架进行补充和完善，或为追求特殊的环境氛围而刻意构建出的一种以井字形为基本造型构架的天棚形式。其形式与我们传统的藻井相似，特点是保持着空间的均衡秩序感。

井格式天棚设计，要求天棚上的通风口、灯具、自动喷淋头、烟感报警器等设施分布规则、合理，以避免产生与高度秩序化井字格之间的冲突，而使空间显得凌乱不堪。这种形式的天棚，在一定程度上会有单调、呆板的感觉，如果与凹凸式天棚结合，或者进行线角的装饰，则会显得丰满、充实。就井字格本身来说，其框架的体积要与井格的跨度，以及天棚的标高相协调，过于单薄或笨重的框架都会破坏整体装饰效果。

井格式天棚形式的应用范围非常广泛，无论是大跨度空间中因地制宜的井格式天棚，还是小跨度空间中刻意构造的井格式天棚，只要它形态完美、装饰得体，皆可成为一种庄重典雅的设计形式（图5-2-24）。

图5-2-22　凹凸式天棚

图5-2-23　悬吊式天棚

图5-2-24　井格式天棚

图5-2-25　结构式天棚

图5-2-26　玻璃天棚

5. 结构式

结构式是指最大限度地暴露建筑构件，以建筑构件为基本装饰元素，结合顶部设备的适度修饰和灯具、灯光的组织，所形成的天棚表现形式。这种形式只需要对建筑构件进行简单的装饰处理即可，力图通过各种设备的组织安排，形成一种自然的结构形式美。结构式天棚造价低，如果设计得法，选材与构成得当，也另有一番情趣。结构式常用于体育馆、候机厅、停车场等空间的天棚设计（图5-2-25）。

6. 玻璃式

玻璃式天棚是采用玻璃、阳光板或其他透光材料制作的天棚。玻璃天棚有两种形式：一种是发光天棚，就是在天棚里面安装灯管，然后用玻璃进行罩面处理；如果采用普通磨砂玻璃、喷沙玻璃罩面时，灯光柔和自然，令环境安逸幽雅；如果采用其他饰有颜色的玻璃时，则会营造出另有异样情调的氛围。另一种是采光天棚，它是直接利用金属框架和玻璃来作顶部罩面，从而获取更多的自然光，有利于室内的绿化需要，同时，玻璃的通透性，打破了大空间的封闭感。采光天棚多用于大型公建的门厅、中厅以及展厅、阅览室等空间（图5-2-26）。

采光天棚的使用首先要注意安全问题。采光天棚直接裸露于室外，如遇落物，很容易造成玻璃的破碎，所以一定要选用安全玻璃，通常可以选用钢化玻璃或夹层玻璃，对金属骨架的载荷要计算精密，以免产生塌陷，造成安全事故。使用采光天棚还要注意阳光直射所造成的室内热辐射问题，应做好室温调节措施。另外，采光天棚的设计要做好防水、清洁、维修等方面的考虑。

第三节　地面的设计

一、地面的限定概念

现代建筑的典型楼地面是钢筋混凝土楼板地面。楼层地面一般包括基层、垫层、面层三个基本结构。基层为现浇钢筋混凝土楼板（或预制楼板），它承载着其他楼层结构及楼板其他负重的全部荷载。垫层通常选用低强混凝土、碎石三合土等刚性垫层材料及其他非刚性垫层材料，它通过素水泥浆结合层与基层结合，具有找平、找坡、保温、隔音和均匀传递力量的作用。而面层可以理解为装饰面层与楼板基本面层的统称，基本面层是水泥砂浆面层，它起到再度找平及保护垫层的作用，在此基础上我们可以进行装饰阶段的地砖、石材铺贴和地板、地毯的铺设。

二、地面的设计要点

1. 地面要和整体环境协调统一

室内界面是一个有机整体，界面之间要保持相互联系，紧密结合的关系，以形成统一协调的环境。尽管各个界面不可以独立存在，但它们都要为塑造环境发挥必要的作用。

从地面与其他界面的联系方面来看，地面的划分要与天棚的组织有一定的内在联系，其图案或拼花的式样要与天棚的造型，甚至是墙面的造型存在某些呼应关系，或者在符号的使用上有共享或延续关系。也可以通过地面与其他界面之间的适宜材料的互借来加强联系。

2. 地面的块面大小、划分形式、方向组织对室内空间的影响

一般来说，由于视觉心理的作用，地面的分块大的时候，室内空间显得小，反之室内空间则显得大。而块面过小的地面则会显得琐碎、凌乱，甚至脆弱，会形成地面的不稳定感，造成整个空间的失重（图5-3-1）。

地面铺设材料一般是采用正方形为基本形态，非正方形形体的长短边线对比本身就具有一定的方向性，而采用不同的拼合方式又会形成不同的方向感，可以起到延伸空间或破解空间的作用。

地面的整体形式组织要结合空间的功能布局，既体现功能分区，又要以有序的形式组织反映出空间的主从流线。

3. 地面图案设计的三种情况

（1）强调图案本身的独立完整性　这种形式的图案是一个完整饱满的图形，其构图元素可以采用花卉纹样，也可以采用几何形体等。主要用于特殊的限定性空间，例如旋转门的地面、大堂中心的地面、大

图5-3-1　地面分割使大堂充满活力而又不失整体感

型会议室的中心等。其特点是有一定的完整性和内聚感，易于形成视觉中心。

（2）强调图案的连续性、变化性和韵律感　这种形式的图案设计随意性强，不拘泥于一定的形式。而此类图案形式的变化又追求一定的规律性，从而具有连续性和韵律感，暗示了一定的导向性。其多用于中高档室内空间的门厅、走廊（图5-3-2）。

（3）强调图案的抽象性意味　这种图案随机、自由、灵动，无论是形态，还是其布置的位置都无须遵循一般的规律。常用于不规则空间或布局自由的空间，给人以自在轻松的感觉（图5-3-3）。

4．在地面色彩设计中，对色彩的视觉心理研究极其重要

对地面色彩设计的总体要求是符合环境的氛围，根据不同的空间功能确定其地面的色彩。不同色彩的地面有不同的性格特征。浅色地面将增强室内空间环境的照度，而深色地面会吸收掉大部分的光线。浅暖色调的地面能给人以振奋的感觉，暖色地面的色彩给人带来安全感。浅冷色地面有宽敞感，并能衬出光滑地面的平整程度。深而冷的色彩给地面蒙上一层神秘而庄重的面纱。中灰色的无花纹地面有时更能显现高雅、宁静的室内气氛，并能衬托出家具色彩的个性，从而显现出家具造型的外观美（图5-3-4）。

三、地面材料的种类与特性

地面材料的选择要根据空间功能的要求进行合理科学的材料分析，材料的性能一定要满足使用要求和审美要求。

1．木质地板

木质地板肌理自然、纹路清晰质朴、色泽天然美丽，给人以自然高雅的感觉。它具有良好的保暖性、

图5-3-2　暗含导向性的地面拼花

图5-3-3　抽象性地面拼花的应用

图5-3-4　浅色地面的衬托更显家具及墙面色彩之美感

舒适性、弹性、韧性、耐磨性，因而受到人们的普遍欢迎。木地板具有良好的隔音性能，便于拆装。

除了优点之外，木材也具有易胀缩、易腐朽、易燃烧等缺点。

木质地板常用于舞厅、会议室、舞蹈训练馆、体操房、体育馆、家庭装修的卧室、书房等空间。

2. 石材类地板

石材类地板包括花岗岩、大理石等板材。石材是一种天然的材质，具有质地坚硬、经久耐用等特性，表现出一种粗犷、硬朗的感觉。由于每块石材都具有天然的纹饰，故拼合后的图案更加丰富多变。其色彩多是天然生成，超乎外象，柔和丰富。而色彩范围从黄褐色、红褐色、灰褐色、米黄色、淡绿色、蓝黑色、紫红色等，直到纯黑色，丰富多彩，种类繁多，各有妙景生成。

石材类地板多用于星级宾馆、大型商厦、剧场、机场、车站等公共建筑内（图5-3-5）。

3. 陶瓷面砖

陶瓷面砖是以优质黏土为主要原料烧结而成的。建筑陶瓷面砖具有防水、防油、防潮、耐磨、耐擦洗等性能，因而多用于厨房、卫生间等亲水空间及其他人流量比较大的室内环境。而随着其图案与花色的日趋丰富、完美，也越来越为各种个性化室内环境设计所宠爱（图5-3-6）。

4. 柔性地毯

地毯是柔软性铺盖物中具有代表性的地面装饰材料之一。由于其宽广的色谱和多样的图案以及精美的手工工艺制作，使其可以给人视觉上和心理上以柔软性、弹性和温暖感。地毯能够降低声音的反射和回旋，并为人们提供舒适的脚部触感和安全感。地毯不宜浸水，清理维护不便，因而适用于环境幽雅的空间中使用（图5-3-7）。

图5-3-5 候机厅大理石地面的应用

图5-3-6 卫生间中陶瓷的使用

图5-3-7 地毯的应用

第四节　墙面的设计

一、墙面的概念

墙面是建筑物的基本建筑部件，一般建筑中，墙面被用来作为支撑上部楼层、天棚和屋顶的结构。它们形成了建筑物的立面，为构成室内空间提供围护与私密性能。墙面不仅具有承重的功能作用，而且是建筑室内界面中面积最大的界面，对整个室内的装饰效果起到举足轻重的作用。

二、墙面设计的结构特征

建筑技术的发展，使得部分墙体从承重的使命中解脱出来，可以单从空间的围合与界定的功用角度考虑墙面设计，其形式便产生了多样化的发展趋势。根据不同的环境、区域关系和不同的装饰要求，墙面可以采取不同的灵活形式。从墙体结构特征的方面看，墙面可以归纳为平整式、起伏式、通透式等表现形式。

1. 平整式

墙面平整、结构单一的形式为墙面平整式结构。一般来说，这种墙面的表现形式是平直、顺畅，在垂直方向上没有大的结构变化，呈现一种简洁的感觉，是最为平常的一种墙体结构形式。对于平面的墙体来说，平整式具有明确肯定的空间界定感。此类墙体结构形式的设计要根据不同的空间面积、空间关系进行因地制宜的选择（图5-4-1）。

图5-4-1　平整式墙面

2. 起伏式

当墙面具有水平方向或垂直方向的连续的凹凸变化时，这种墙面便可以称为起伏式墙面。起伏式墙面的凹凸结构变化增强了它的不宁静感，尤其是水平方向连续的波浪式墙面，具有强烈的动感和自然的行进美感。垂直方向起伏变化的使用，要根据空间的面积和高度决定。这种起伏会削弱墙体的力度感，在狭小空间或低矮空间中会造成一定的不安全感，要谨慎使用（图5-4-2）。

3. 通透式

通透式墙体是空间界定的一种特殊形式，它实现了空间的分隔，却能够保持空间在视觉上的连续性和延展性。采用通透式墙体的两个相邻空间的功能在性质上不能有很大的跨越，因为它有时具有听觉上的隐秘性，而不具有视觉上的隐蔽性。在两个通透式界定的空间中，装饰格调、氛围不能跳越过大，否则会相互影响，产生视觉的混乱。通透式墙体如果运用得当，可以起到相互借景的效果，增强墙体自身的装饰美感（图5-4-3）。

图5-4-2 墙面的凹凸变化

三、墙面的设计原则

墙面是室内空间三大界面的主要界面，无论是从体量关系，还是从视觉的优先关系方面来考虑，都应该处于设计的重点位置，因而在设计中要尤其注意把握其设计原则。

1. 整体性

墙面设计的整体性，是指墙面与其他界面所构成的空间整体性及墙面自身整体性两个层面。

设计时，必须要充分考虑墙面与室内顶界面、地界面的协调统一关系，必须以整体设计观念与协调观念统领其设计的全局。在材料的选择、形式组织、色彩搭配等各个方面都要与其他部分保持一定的内在联系，实现有机结合，塑造整体感。

就墙界面自身来说，无论是各个墙面之间还是一个墙面单体中，也要形成一定的整体性。例如采用总

图5-4-3 通透的墙面设计

体形式的小变化、大统一，通过运用主要构造、形式、装饰语言的重复出现或适度变异，材料的互换，色彩的变化等手段加强墙界面之间的关联，而单体墙面自身需要保证视觉的整体统一性。

2. 物理性

室内环境物理性能的优劣，关系到空间使用的效果，而其物理环境的保障，主要是通过各种改善物理环境的设备的正常运转来实现的，而另一方面，也需要室内装饰要素的结构与材质来加强物理环境的保障和调节。墙面在室内空间所占的面积大、分量重，因而它对空间环境所起的作用也较为显著。

根据室内空间功能性质的不同，需要分别处理空间的隔音、吸声、保暖、防火、防潮等物理性能。例如，在轻质墙体的空腔内填置岩棉，既能增强空间的隔音效果，又具有保暖、防火的功能；在防火要求高的环境中，必须较少使用海绵、布艺等易燃材料，同时对木质材料的使用面积也要控制在一定的比例之内；在观演空间中，则又必须避免大面积使用石材、金属等质地坚硬的材料。

总的来说，室内材料的选择不仅要使它们适合于特定环境，而且要通过综合使用材料来改善环境的物理性，使环境更有利于我们的生活。

3. 艺术性

形式美的运用是墙面设计呈现美感的重要因素。墙面的造型设计、构图安排、色彩对比、层次节奏等都要遵循形式美的法则，不能够随心所欲的进行局部设计或拼凑，要讲究艺术美的完整性。

思考练习题

1. 简述室内界面设计的要素。
2. 室内界面的设计要求有哪些主要内容?
3. 简述室内三大界面的设计概念和审美特点。
4. 论述墙面材料的色彩、肌理、质地等各个方面对室内空间环境氛围营造的影响。

第六章 室内环境的色彩设计

PPT 课件，请在计算机上阅读

第一节　色彩在室内设计中的运用

色彩带给生活和工作在室内环境中的人们兴奋或平静、愉悦或安逸的心理体验。古人云："远观其色，近观其形"，一语道出色彩在视觉感受中的重要审美地位。

室内空间的色彩运用，应该根据室内环境的功能要求、功能性质，以及空间的具体尺度等因素进行严格的设计定位。

一、不同功能空间的色彩设计

人类是感情丰富的高级动物，我们的情感、情绪，即所谓的状态，因自身的心理状况和外部的客观因素而产生一定变化，我们的心情主要依赖于自行调节、控制，同时也需要氛围的感染，通过内外因的相互作用使心情调整到与行为适宜的最佳状态。

室内空间是人们从事室内活动的场所，人们在不同的功能空间中进行着不同类型的活动，为了使人们的心情更适合所从事的不同活动，必须对不同功能空间进行不同氛围的环境塑造。室内环境氛围有很多营造手段，而色彩是最直观、最具有心理影响力的要素，可以利用色彩的性格特征来打造空间，利用色彩的感官刺激作用，诱发人们的心理、生理反应，使人们的情绪与环境融合在一起，淋漓尽致的发挥空间的功能价值。

例如，休息室是供人们休憩的室内空间，需要营造一个平和、舒适的环境，以使人们的心情得到放松，达到缓解精神紧张，消除身体疲劳的目的。其

图6-1-1　暖灰色调的休息空间

图6-1-2　弱对比色调的会议室色彩设计

色彩的设计要以中性偏暖为主，色彩的明度要适中，明度过低会加深身心的疲惫，而明度过高又令人兴奋，不利于精神舒缓。休息室不宜采用强烈的色彩冷暖对比和明度对比（图6-1-1）。

会议室的色调不宜过于低沉，否则会影响人们的思绪，而不能集思广益；反之，如果色彩过于强烈，一定程度上能够起到活跃思维的作用，而如果强烈程度失控，则容易刺激人们，使其因情绪过于激动，而失去理智。所以，会议室的色彩适宜以中性偏冷色调，色彩明度要适度提高，并可以进行一定的色彩对比运用（图6-1-2）。

又如迪厅，属于娱乐空间，是人们宣泄情感、释放自我的室内活动场所，往往需要喧嚣的气氛调动人们激昂、亢奋的情绪。按常规来说，暖色调具有热烈奔放的特点，似乎与迪厅的特征相吻合，其实不然。大面积暖色调的应用容易使人们的精神迅速疲劳，所以迪厅的色彩设计要以冷色调为主，适度进行暖色调的调和与对比。可以大面积采用低明度色彩和冷色，这样更容易使局部的高明度色彩或暖色显得跳跃、突出，形成强烈的视觉冲击（图6-1-3）。

二、不同装饰尺度的色彩设计

尺度是空间的限定因素，是室内空间功能实现的一个先决条件。当空间的形式、结构、面积、层高等要素受到限定，需要利用色彩装饰手段弥补空间的不足，让人们从视觉上达到舒适的感觉，继而影响人们的心理，使空间更好地发挥作用。

在小尺度空间中，要通过界面色彩的组织使其具有退后感，形成视觉上空间的扩大，这样尽管不可能改变空间的尺度，但会造成视觉上的舒适感。例如，当室内空间的天棚高度过低时，可以先用高明度色彩，使天棚显得轻快、爽朗，具有上升感；而低明度色彩尽管具有后退感，但如果其明度过低则会造成一定的心理压抑感，产生相反的效果。同样道理，如果墙面之间显得狭窄，也可以采用冷色，并可以选用明度适度偏低的色彩，拉大距离感。对于尺度较大的空

图6-1-3　迪厅冷暖色调的对比

间，往往由于其空间的开阔而没有安全感和温暖感，在墙面的色彩处理上可以选用暖色调的色彩来拉近距离，并通过色彩“暖”的特性给空间增添温馨气氛。柱体的色彩要使其显得苍劲有力，增加空间的视觉安全系数。

色彩在不同尺度空间中的组织还表现在室内家具、陈设品的色彩组织上。室内家具的尺度关系和色彩关系的调节可以形成调和与对比的协同关系，色彩的作用可以使家具尺寸、体量搭配更显合理、适中。陈设品的点缀可以与室内的墙界面形成反衬关系，会使界面形成拉近或退后感。

第二节　室内色彩的适度美感

任何一种色彩，抛弃一切主客观因素来说，都没有美与不美之分，色彩在室内环境中的评价标准，只能看其是否与特定空间匹配。同一种颜色在不同背景的衬托下，色彩效果和审美体验迥然不同，这是色彩所特有的敏感性和依存性。因而，室内色彩设计的根本问题就是色彩选择、搭配问题，配色设计效果的协调与否决定着室内色彩适度美感的形成，色彩之间的协调与和谐关系是室内色彩产生适度美感的关键。

一、邻近色协调

色相环中相距90度，或者相隔五、六个数位的两种颜色，称为邻近色关系。邻近色之间的色相色彩倾向近似，尤其以同组内冷色或暖色较为明显，其色调统一和谐、感情特性一致。邻近色的搭配使用可以形成环境的浑然一体、协调统一，使环境给人以平和、舒缓的美感（图6-2-1）。

由于邻近色色彩倾向接近，所以容易形成“平静”之感，而这种“平静”恰恰是很多情况下我们所需要的。当进行室内界面色彩设计时，考虑到室内存在的大量陈设容易形成比较丰富的色彩，所以为了使环境的色彩协调，需要对界面的色调进行适度的统一处理，而邻近色将是最好的色彩组合，它们感情特征的一致性使得色调调和，同时又避免了同一色彩的单调乏味之感。

二、对比色协调

色相环中相距135度，或者彼此相隔八、九个数

图6-2-1　统一和谐的暖色调给人以平静、温馨的美感

图6-2-2　蓝色灯光与大面积暖色界面的冷暖色对比

图6-2-3　色彩的大统一小变化

位的两种颜色，称为对比色关系。对比色色相感鲜明，各种颜色相互排斥，体现一种活跃、明朗的效果。对比色协调是色相对比之间的冲突与对立所构成的一种和谐关系，在应用中，这种色组协调可以通过处理主色与次色的关系实现，也可以通过色相间秩序排列的方式实现（图6-2-2）。

对比色的运用，其关键在于组织好各种色彩的面积搭配。如“万绿丛中一点红”的比例关系，对比色相之间面积悬殊的组合关系，构成了视觉体验的互补性，产生了强烈的视觉冲击力，在刺激中求得平衡与满足，产生一种动人心魄的美，是变化与统一的“控制律”审美原理的具体体现。

在室内空间的界面和陈设品的色彩设计中，我们常常使用对比色进行整体空间环境的组织。室内三大界面的色彩通常被称之为背景色，背景色可以对空间主体物的色彩起到衬托作用，而作为衬托作用的色彩，背景色的纯度应有所抑制，以避免喧宾夺主。而家具、织物等较大面积的室内陈设的色彩，形成室内空间的主体色彩，它们的选择要与背景颜色形成一种弱对比关系，形成空间色彩的协调、统一。其他小体量的室内家具与陈设，以及界面中局部小面积的装饰点是空间的点缀部分，其色彩选择要与主体色形成较强的对比关系，既能够使空间充满灵气，又可以突出装饰品。这样便能够形成总体空间环境色彩“大统一、小变化”的适度美感（图6-2-2、图6-2-3）。

第三节　室内的色调设计

人们对色彩的偏爱总是存在着个体差异，不同的功能空间需要不同的色彩环境氛围，因而，对室内空间的色彩必须进行具体分析，根据不同的综合因素确定适宜的环境色调。

室内色调的设计，主要是充分运用我们所了解的色彩的抽象感情特征，通过对室内空间各个界面和室内陈设品的色彩协调设计，创造出具有整体美的色彩基调，利用色彩的感情特征体现氛围差异，来满足不同人群及不同功能对室内色彩的需求。

一、室内不同色调的设计体验

实践的认知，使得人们对缤纷世界的色彩已经形成深刻的认识，面对不同的色彩，总是产生不同的情感反应。室内空间色彩设计中，要充分考虑人们对色彩的不同情感反应，结合不同的功能需求，实现空间环境的适度色彩美感。

1. 红色调

红色调具有刺激、醒目的视觉效果，最容易使人的心理产生兴奋与冲动。红色调代表着吉祥如意、红红火火、热情活泼、积极向上，是中国传统室内装饰的形象色。在现代室内装饰中，红色调也是传统风格的标志性色彩，无论是中餐厅还是宴会厅，红色的配景渲染、大红灯笼，加之红木家具的调和呼应，使得室内空间顿生吉庆、欢悦之情和庄重、富贵之感（图6-3-1）。

2. 粉红色调

粉红色调充满愉快之感，温馨之情，甜美之意，在很多国家和地区被誉为最性感之色彩。同其他色调相比，粉红色调的使用更应该注意环境的功能，以及空间使用者的年龄、性情，它一般多用于年轻人尤其是女性的房间中。在公共空间中，粉红色调可以在娱乐场所使用，渲染气氛，调动情趣（图6-3-2）。

图6-3-1　红色调

图6-3-2　粉红色调

3. 黄色调

黄色调是暖色系色彩，透射着温暖、恬静之感。在中国封建社会，黄色是皇室的专用色彩，用以装点皇家居所及服饰，因而它具有威严之感和华丽的贵族气派。由于黄色具有黄金之璀璨的联想，因此会生成一种价值感、高贵感。室内设计中，黄色是较为常用的色调，它能够形成融洽、温暖的氛围，但在使用中要注意其明度的把握和纯度的控制，以免造成焦躁不安的气氛（图6-3-3）。

4. 蓝色调

蓝色调蕴含着巨大的魅力，使人想到大海的浩瀚、天空的深邃，孔雀颈的美丽，蓝宝石的珍贵。浅蓝色调淡如轻云流水，易取得清澈透明之美；而深蓝色渗透着深沉、凝重、现代、高尚之美韵。蓝色调适合用于现代办公环境、工业产品营销空间以及商场、候车候机大厅和部分休闲场所（图6-3-4）。

5. 橙色调

橙色调明快、活泼、醒目、温和、光明、华丽、甜蜜、快乐。橙色给人甜美之味觉心理反应，容易让人产生食欲，是餐厅的首选色彩（图6-3-5）。

6. 绿色调

绿色代表新鲜、平静、和平、柔和、安逸、青春，是天然草木之本色，容易使人产生对茫茫草原的神往，令人心旷神怡。在绿色环境中，可以减缓人的视觉及身心疲劳，因而，它是现代快节奏生活中比较受欢迎的室内装饰色调。绿色调的应用可以在不同功能的空间中产生各种效果，如在卧室中使用绿色调有助于缓解人的疲劳使人正常入睡，而大厅等空间运用绿色，则可以使环境充满淡雅清逸、赏心悦目的自然气息（图6-3-6）。

图6-3-3 黄色调

图6-3-4 蓝色调

图6-3-5 橙色调

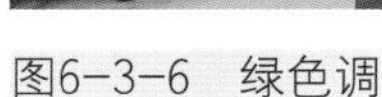
图6-3-6　绿色调

图6-3-7　紫色调

7. 紫色调

紫色是色彩中最神秘的颜色，也是较难掌握的颜色。紫色有着梦幻般的魔力，具有崇高、优雅、高贵之感。室内空间紫色调的设计，常常是为了体现一种个性美感，一种脱俗清雅的意趣。玫瑰色调也属于紫色调，其幽雅清新之色，给人一种女性柔顺的美感，常用于大型美容厅和化妆品专卖店的室内装饰。该色调除了在具有特殊职能的空间内使用外，一般要谨慎使用（图6–3–7）。

8. 黑色调

黑色在我们的传统观念当中，被认为是不祥之色，哀丧之色，因而无论是在商业空间中还是民居中都不常用。而单从黑色的色彩感情象征方面看，黑色具有稳重、深沉、坚实、严肃、庄重的特点，因而也开始为我们的现代设计所应用。黑色的幽暗、稳健使其可以做一些空间的背景色，例如做大型歌舞厅、迪厅的天棚或墙面色彩，这样可以充分显现出舞厅灯光效果，使灯光色更显跳跃、刺激（图6–3–8）。

9. 灰色调

灰色调属中性色系，色感美妙丰富，耐人寻味。灰色调的使用可以使空间充满文雅的气质。灰色调的应用范围比较广泛，因为中性色的特点是注目性低，易于与其他色彩相搭配，往往用作大型空间的背景色，然后根据空间的特定功能，选择适宜的邻近色加以调配，增强空间的灰色调美感，形成各种不同情感特征的含蓄的空间氛围（图6–3–9）。

二、室内色调的设计方法

室内空间是一个完整的内部整体，室内的色彩设计，要充分保证空间室内界面色彩和装饰陈设物色彩的协调统一。色彩的协调设计有一定的规律可循，

图6-3-8 黑色调

图6-3-9 灰色调

我们可以利用色彩设计的规律、方法来进行设计，既能够达成环境色彩的和谐统一，又可以起到事半功倍的效果。

1. 由大到小的设计原则

室内色调的设计首先根据环境功能及其他特定因素进行总体色调定位，然后进行具体的深入设计。先重点进行几大色块的基调设定，形成主体色调，然后再通过邻近色或对比色的选用来调配各种小面积的色彩，形成系列的色彩体系，建立室内空间中的整体色彩网。

2. 利用明度、纯度变化进行调整

室内的色彩设计不宜选用过多种类的色彩，以避免色彩杂乱，使人们产生视觉疲劳。但色彩种类的减少并不意味着会造成色彩单调现象，我们可以把所选的两到三种颜色进行明度和纯度的处理，这样便会产生新的色彩，因其由一种色相衍生而来，所以会保持和谐的色彩关系。

3. 色相的打散重组

为控制色彩的协调，我们可以将色相进行打散重组。利用一种色相为本色，将其打散，加入多种不同色相，各种新色之间既相映相谐，又具有韵律之感。例如，把蓝色分成五份，然后分别加入黄、绿、橙、紫、白色进行调配，调配中应注意新色之间的明度与纯度的对比关系，根据面积的合理搭配，把各种颜色运用到室内的各个界面及陈设中，就会在空间中构成一组动人的蓝色交响曲。

4. 利用平面构成的错视觉原理，创造个性色调

错视觉，是对客观事物不正确的视知觉现象。色彩错视主要因色彩的对比和色彩的空间混合而产生。室内设计中可以利用错视觉原理，调整空间的视觉效果，起到美化空间的作用。例如，在一些个性空间中，为了改变空间规则六面体的呆板格局，可以不按界面的自然界定进行色彩装饰，而是自由地利用抽象构图形式，进行模糊的界面分割，形成连贯的色彩融合体。

思考练习题

1. 色彩对人心理产生的物理反应有哪些?
2. 简述邻近色协调与对比色协调的主要内容。
3. 在室内设计作业练习中训练室内色调的四种设计表现方法。

第七章

室内环境的材质设计

PPT 课件，请在计算机上阅读

第一节　装饰材料分类与设计应用

科学技术的进步与审美层次的提高，使我们具有了种类繁多、品种齐全的室内装饰材料。每一种装饰材料都具有自身的装饰特性，都有其自身的优缺点和一定的适用范围，对常用装饰材料种类和性能的了解是室内设计师必备的设计素质。

一、木材类装饰材料

木材是室内装饰的基本材料之一，其使用量居于室内装饰材料之首。在室内设计中，无论是界面装饰，还是家具陈设的制作，木材都是首选材料。

（一）木材的特性

木材具有自然生动的纹理和与人贴近的色泽，它质地精良、观感优美，具有很好的装饰性能，能够表现出高雅的品性。由于木材具有独特的构造，使得它具备良好的弹性和韧性，可以承受一定的荷载和冲击力。除此以外，木材还具有较好的热工性能，便于工艺制作和着色油漆，同时木材还具有导热性差、较好的耐久性能等独特优点。

（二）木材的装饰应用

木材在经过加工以后，成为各种各样的装饰制品，它们各具装饰特色，具有不同的装饰功能和表现形式，为设计师提供了多种用途和结构的骨架材料、基层材料以及面层材料。

1. 贴面饰面板

贴面饰面板是一种较高级的室内装饰饰面材料，其花色丰富、纹理自然优美，具有极高的装饰性。它是通过将花色的观赏性高的木种切割成薄片，再与普通木制基板胶合的手段形成的。

贴面饰面板的厚度一般在3mm左右，具有一定的韧性，可以进行一定弧度的弯曲。板材的规格（毫米）分为1830×915、1830×1220、2135×915、2440×1220，最常见的规格是2440×1220。

贴面饰面板的种类很多，而且随着开采量的增加，以及色彩流行趋势的变化，使得贴面饰面板不断推陈出新，近年来比较流行的且常用的种类有黑檀木、紫檀木、铁刀木、樱桃木、白胡桃木、红胡桃木、黑胡桃木、金丝泰柚木、斑马木等饰面板，而一些过时的种类，如花梨木、沙贝利、红白榉木、枫木、水曲柳等也作为点缀饰面材料而保持着一定的市场份额。

2. 胶合板

胶合板又称为压层板、夹板等，它是将原木旋切成大幅的薄片，经过一定的干燥处理后，按奇数层数纵横叠加，用胶黏剂胶合，并挤压定型而成。胶合板通常分为三合板、五合板、九合板，在设计中的具体应用要根据结构所需要的高差而定。

胶合板的性能稳定，在室内装饰中的使用量很大，可作为许多部位的基层材料。其主要的优点是不易翘曲、质轻、可弯曲、胀缩系数小、厚度的可选范围大。

3. 细木工板

细木工板是木材综合使用方法的产物。细木工板由面层胶合板和芯板构成，芯板是利用木材的边角小料进行规则加工，烘干处理后胶合、拼凑而成。最后将芯板两面敷以面层胶合板挤压成型便成为细木工板。细木工板一般可以分为12毫米、15毫米、18毫米厚。

在室内装饰工程中，细木工板是应用量最大的基层材料，它的可塑性强，可以不使用木龙骨，而直接成型。具有隔音、隔热、坚挺、易切割等优点。

4. 密度板、刨花板

密度板与刨花板都是利用木材加工的剩余物，如刨花、角料、木屑等，经处理加工而成。密度板和刨花板的原料干燥、拌胶、冲压等工艺流程必须经过严格的控制，否则很容易造成结构疏松、脱落等现象。两者相比之下，刨花板的硬度较高，它对切割工具的要求很高，普通手提切割锯因转速低，很容易造成刨花板切割的崩边，而且很难用手工操作进行刨平处理。密度板相对松软，不仅可以作为基层板用，也可以用来加工简易的平板线条，物美价廉。

5. 木地板

木地板纹理优美，脚感舒适，导热性弱，质朴亲切，是现代室内装饰中最为常用的地面装饰材料。它既可以用在会议办公场所、健身房、体操房，又可以在家居中使用。

常用的木地板，一般可以归结为两类，即实木地板和复合实木地板。实木地板通常采用整块的实木加工而成，具有稳定的性能，且不含胶黏剂；复合实木地板是节俭能源的结果，其构造及加工工艺类似于胶合板，是由普通的木薄片制成胶合板基层，然后将优质木材的薄片胶合在基层上，施压定型而成。

现在的木地板在铺装和处理工艺上与从前相比有了很大的变化。从前的木地板铺装一般是在施工现场搭制木龙骨架，然后铺以基层板，在这个基础上铺装木地板，铺装完成后，给予一定时间的自然校整，然后统一打磨抛光，最后清扫、饰漆。现在的木地板大都是完整的成品，出厂时已经打磨，上漆完毕，而且其漆膜厚度、强度、光泽度都是现场施工所无法比拟的。

现在常用的木地板铺装方式分为空铺和实铺两种。空铺就是采用龙骨框架的形式，木龙骨、轻钢龙骨皆可，龙骨搭设、调平后，进行地板铺装，以自攻丝固定或卡件固定。实铺是直接在平整的基面上铺一层防潮胶垫，然后进行地板的铺设，可以采用地板胶固定。

地板的铺设要注意接口的交错，一方面是出于美观的考虑，而更重要的是可以通过相邻地板的端部抑制地板中间部位的变形隆起（图7–1–1）。

6. 木线条

木线条是室内装饰不可或缺的辅助材料。木线条一般用硬木打制而成，要求质地坚硬、细腻、耐磨、不易劈裂，且便于现场操作。

木线条的形式多种多样，或方、或圆、或简、或繁，可以毫不夸张地说，有多少线型的创意就会有多少种形式的木线条，简单的形式可以通过线条加工机刀头的组合一次成型，复杂的线条可以通过线条的拼合来实现。实际应用中，线条的形式要与环境的装饰风格紧密相连，欧式风格的环境中可以使用形式变化丰富的线条，而现代风格的环境中则可以使用简约流畅的造型形式。

室内装饰中线条的使用部位非常之多，但不论使用在什么部位，都不外乎收口、收边和装饰两个功用。从收口线条的角度讲，它既具有美化装饰作用，又有实用功能。例如，现代的楼梯护栏装饰中，很多采用金属结构，此时木扶手既能够起到协调护栏的材质美感作用，又可以减免人与金属碰撞产生的创伤，同时，木质具有热传导慢的特点，可以避免人抓扶时的冰冷感，尤其是在冬季。其他的收口线条，如装饰造型结构转折收口线、踢脚收口线、腰线、门套收口线、门扇收边线、窗套收口线，以及其他部位的收口、收边线等，都具有功能性与装饰性双重功能。一方面它们可以掩饰裸露的端口结构，形成美感，同时又可以防止对饰面边缘的损坏。而各种压线、阴角线，不管如何使用，其主要功能都是加强室内环境装饰的线感造型（图7–1–2）。

二、石材类装饰材料

石材在室内装饰中的使用有悠久的历史，从古代简单的剔凿，到现在的精雕细磨，石材的加工工艺经历了翻天覆地的变化，而其应用也遍布在星级酒店、商业空间、写字楼、餐饮娱乐等室内空间场所的各个角落。

图7–1–1　木地板的错缝铺装

（一）石材的分类与特性

石材的种类繁多、花色各异，从其来源看，室内装饰石材主要分为天然石材和人造石材两大类。而天然石材主要包括大理石和花岗岩两大类。

1. 天然大理石

天然大理石是地壳中原有的岩石经过地壳内高温高压作用形成的变质岩。它属于中硬石材，主要由方解石、石灰石、蛇纹石和白云石组成。它的矿物组成主要是方解石和白云石，成分以碳酸钙为主，约占50%以上。其他还有碳酸镁、氧化钙、氧化镁及二氧化硅等成分。

大理石构造致密，抗压强度为100～150MPa，

图7-1-2　木线条的装饰应用

吸水率小于0.75%。大理石具有耐磨性好、耐久性好、质地致密、色泽美观、纹理自然等性能。因大理石一般均含有杂质，且碳酸钙在大气中受二氧化碳、碳化物、水气的作用，容易风化溶蚀，而使其表面很快失去光泽，所以少数质纯、杂质少的相对稳定耐久的品种，如汉白玉、艾叶青等可用于室外，而其他品种一般只用于室内承受荷载和磨损较小的空间界面上。

2. 天然花岗岩

天然花岗岩属火成岩，是火成岩中分布最广的一种岩石，属于硬石材，主要由石英、长石、云母等组成，其成分以二氧化硅为主，约占65%～75%。花岗岩岩质坚硬密实，按其结晶颗粒大小可分为“微晶”、“粗晶”和“细晶”三种。

花岗岩的结构坚硬密实，抗压强度较高，一般在120～250兆帕，吸水率在1%以下。花岗岩质坚色美、光亮度高、耐磨、抗风化、抗腐蚀，是使用频率较高的装饰材料。花岗岩的品质决定于其矿物成分和结构，品质优良的花岗岩，结晶颗粒细而均匀，云母含量少而石英含量较多，且不含有黄铁矿等杂质。因花岗岩不易风化变质，外观色泽可保持长久的年限，因此不仅可以用于室内装饰，而且也多为室外装饰所采用。

3. 人造石材

人造大理石又称合成大理石，是以天然大理石或方解石、白云石、玻璃粉、硅砂等无机物粉粒为原料，配以适量的阻燃剂、稳定剂、颜料等，加入水泥或不饱和聚酯树脂黏结剂，经过混合、浇筑、振动、压缩、挤压等程序而固化成型的一种人造石材。

人造石材具有优良的化学、物理性能，其强度高、抗压、抗腐蚀、耐酸碱，且具有仿制天然大理石、花岗岩的优美花纹、色彩和光泽的特性。

（二）石材的设计应用

石材在现代室内装饰中，可以说无所不在，其具体的使用部位不胜枚举，任何空间皆可使用，只是用量上要有所区别。人们对石材的偏爱主要是基于其独到的装饰性、观赏性和具有魅力的感情特征，以及其优异的物理、化学性能（图7-1-3）。石材的使用可以着重考虑两个方面的因素：空间的功能性质和装饰档次的定位。

从室内空间功能性质的角度考虑，一是要看石材的性格特征是否与环境氛围相协调。二是要看空间的功能是否有特殊的声学要求。石材致密的质地、坚硬的外表使得它容易引起声音反射，在一些会场、观演空间中使用要非常谨慎，一般不宜大面积使用，如若使用，则必须进行相应的处理，例如增加石材使用部位的层次变化，使用吸声材料或加强结构变化来提高其他界面的吸声效果，选用吸声性能好的陈设品等。三是要看空间是否是亲水环境，对于亲水环境来说，石材的使用是必要的，石材的吸水率很低，是亲水环境最佳的装饰材料，既具有装饰性，又满足使用功能。四要看资金条件能否负担石材的价位。石材的生成年限很长，是不可再生资源，另外它的开采、加工都比较有难度，所以石材的综合价格相对很高，因此，必须从工程总体预算方面考虑石材及不同档次石材的使用，小面积点缀的使用则不需要对资金多加考虑。

（三）天然石材设计使用提示

天然石材也具有一些自身的缺点和一定的使用难度，使用中应从以下几个方面多加注意：

（1）在石材铺设时，如饰面有复杂的图案构成要求，应先用三合板进行放样，然后按照大样形状和尺寸进行石材下料，这样可以避免失误，减少浪费，同时还可以保证施工精度。

（2）石材的边口比较脆，搬运和存放时必须小心谨慎，石材的排放应稍有倾斜，基本趋于垂直，同时还应按规格顺序摆放，且磨光面朝外。

图7-1-3　电梯厅中大理石的使用

（3）石材的包装材料不宜选用易脱色材料，通常远距离运输一般采用钉制简易木箱或用草绳捆绑的方法。

三、陶瓷类装饰材料

陶瓷制品是指以黏土为主要原料，经配料、混合、制坯、干燥和焙烧后制得的成品。我国具有悠久的制陶历史，是世界上最早生产和应用陶器的国家。

按用途分类，陶瓷的种类很多，主要有建筑陶瓷、卫生陶瓷、园林陶瓷、日用陶瓷、美术陶瓷、特种陶瓷等种类。而室内设计中主要应用的是建筑陶瓷，常用的建筑陶瓷主要有瓷质砖、彩色釉面砖、陶瓷锦砖、陶瓷艺术砖等。

1. 瓷质砖

瓷质砖是应用量比较大的室内外墙面、地面装饰材料。瓷质砖是以磨细的瓷土粉、长石粉、石英粉等岩石粉末为主要材料，经高温烧制而成。其结构致密，吸水率低，强度高，具有硬而脆的特点，属硬瓷。

瓷质砖良好的性能使它得到广泛的应用，随着科技的发展，瓷质砖的花色品种也在不断的丰富，各种仿石材瓷砖脱颖而出，其花色统一、纹理自然，仿真性极高，远观几乎可以和石材以假乱真。因其厚度薄、重量轻、价格低、装饰效果好的综合性价比，瓷质砖有朝向主流材料发展的趋势（图7-1-4）。

2. 彩色釉面砖

彩色釉面砖也是室内装饰中墙、地面常用的材料，它由瓷土或陶土经低温烧制而成。色彩丰富、绚丽，釉面光滑、洁净，易清洗，抗腐蚀。釉面砖是多孔的精陶坯体，质地比较疏松，吸水率高，在长期与空气的接触过程中，特别是在终日潮湿的环境中会吸收大量水分，而产生膨胀。而当坯体膨胀到一定程度时，便会引起表面釉层产生张拉力，继而皲裂，甚至釉层脱落。

因而，釉面砖在使用中必须注意对环境进行适度的通风，以延长砖的使用寿命。

3. 陶瓷锦砖

陶瓷锦砖又称陶瓷马赛克，是以优质瓷土烧制而成的小块瓷砖。该类瓷砖的使用部位非常广泛，其价格低廉，施工方便，损耗量低，且具有美观、耐磨、不吸水、易清洗等特点。陶瓷锦砖的使用单位为“联”，每联由多个单粒按一定规则，通过黏结剂黏结在一块牛皮纸上，单粒的形式有正方形、长方形、对角形、多边形等形式之分。因其形式特殊，如果进行精心组合，会塑造出另类的艺术美感（图7-1-5）。

4. 陶瓷艺术砖

陶瓷艺术砖是用于装饰建筑物内外墙面的材料。它具有夸张性和空间组合之特点。陶瓷艺术砖充分利用瓷砖的高低、色彩、粗细大小及环境光线等因素，组合成各种装饰图案形式，表现出很强的艺术感染力。它的生产与普通瓷砖的生产相似，独特之处在于需要进行图案的设计，最后按设计的图案要求来压制不同形状和尺寸的单块瓷砖。这类瓷砖由于制作工艺较为复杂，所以造价略高，多用于室内设计某些界面局部的造型上。

四、地毯类装饰材料

地毯是一种在世界范围内广受欢迎的室内软装饰材料，它以其独特的质感，展示着使用价值和审美价值的双重意义，成为室内装饰要素的重要一员。

（一）地毯材质的分类

在我国，早期的地毯出现于西部少数民族地区。起初以羊毛为原始材料，通过手工编织，用以铺地、御寒、防潮等实用功能。随着社会的发展和人类审美的需求，后来地毯逐渐发展为以毛、麻、棉、丝以及化学纤维、化学材料为主要原料的多材料、多工艺、多花色的饰面织物。

图7-1-4　瓷砖的使用

图7-1-5　马赛克的应用

1. 纯毛地毯

纯毛地毯即羊毛地毯，是选用粗绵羊毛精制而成。纯毛地毯具有弹性好、光泽好、图案清晰、经久耐用等优点，是用作地面铺设的高档装饰材料。纯毛地毯的制作工艺有手工制作和机织之分。

（1）手工编织纯毛地毯。我国的手工编织纯毛地毯堪称世界之精品，其做工之精湛、细致广受世人赞誉。手工纯毛地毯不仅具有纯毛地毯的基本优点，而且其图案充满了手工制品的灵动之美，同时因为它凝结了更多的人类手工劳动，而倍显珍贵。

（2）机织纯毛地毯。机织纯毛地毯是以羊毛为主要原料，经机械编织而成。相比之下，机织纯毛地毯更加平整、光泽明亮，而其价格则低于手工产品，所以多用于大型公共空间（图7–1–6）。

2. 化纤地毯

化纤地毯是以尼龙（锦纶）、聚丙烯（丙纶）、聚丙烯腈（腈纶）、聚酯（涤纶）等化学合成纤维为主要原料，经过机织法、簇绒法等工艺加工成面层织物，再与背衬材料复合一起而成。化纤地毯外观与手感类似羊毛地毯，它具有质轻耐磨、富有弹性、色彩鲜艳、脚感舒适、价格便宜等特点，同时还具有纯毛地毯所不能比拟的防污、防虫蛀等特点。

化纤地毯以尼龙地毯居多，用尼龙织造的地毯耐久性好，耐拉伸、耐曲折、耐破损性能较好、价格低廉，比较适合铺装在走廊、楼梯、客厅等走动频繁的区域。

3. 塑料地毯

塑料地毯是采用聚氯乙烯树脂、增塑剂等多种材料，经均匀混炼、塑制而成的一种新型轻质地毯。塑料地毯最主要的优点是不怕水、易清洗、防滑，是

图7–1–6　机织地毯在门厅中的应用

酒店操作间地面、卫生间地面的理想铺设材料。

（二）随意、灵活、有美感的块状装饰地毯

块状装饰地毯是室内空间的画龙点睛之笔，它具有多方面的优点。

块状地毯铺设方便、使用灵活。它可以随意移动，并可以根据不同的爱好调节各异的风格组合，也可以对损坏单体进行随时更换，既可以保证整体的效果，又节约成本，延长了整体地毯的使用寿命（图7-1-7）。

图7-1-7　观赏性与功能性结合的块状地毯

五、玻璃类装饰材料

玻璃，尤其是新型种类的玻璃几乎成为现代建筑的标志，无论室内还是室外，随处可见玻璃的存在。玻璃在室内外的装饰应用中具有多方面的用途，从透光、隔热、防尘、防噪，到防弹、防暴、防辐射、调节美化空间等。玻璃是现代建筑体中不可或缺的一种装饰材料。

玻璃是无定形、非结晶体均质同向性材料，是以石英砂、长石、纯碱、石灰石等为主要原料，经高温熔融成型、冷却制成。它的主要化学成分是二氧化硅、氧化钠和氧化钙。

（一）玻璃制品的分类

玻璃装饰材料种类繁多，通常是按其化学组成和功能分类。

1. 按化学成分分类

（1）钠玻璃

钠玻璃又称钠钙玻璃，其主要成分是氧化硅、氧化钠和氧化钙等。由于其所含杂质较多，制品多带有绿色。它的力学性能、光学性能和化学稳定性较差，主要用于建筑的窗用玻璃和日用玻璃制品。

（2）钾玻璃

钾玻璃又称硬玻璃，它是以氧化钾代替钠玻璃中的部分氧化钠，并提高氧化硅的含量而制成的。钾玻璃的硬度、光泽度和其他性能都优于钠玻璃，可用来制成高级日用玻璃器皿和化学仪器。

（3）铝镁玻璃

铝镁玻璃是一种由氧化硅、氧化钙、氧化镁、氧化钠、氧化铝等组成的玻璃。该玻璃的软化点低，力学、光学稳定性强于钠玻璃。可用以制作高级建筑玻璃。

（4）铅玻璃

铅玻璃又称重玻璃或晶质玻璃，它的成分为氧化铅、氧化钾和少量氧化硅。铅玻璃的光泽度、透明度、力学性能、耐热性、绝缘性和化学稳定性都比较好。常用于制作高级器皿、光学仪器及装饰造型隔断等。

（5）硼硅玻璃

硼硅玻璃又称耐热玻璃，其主要成分为氧化硅、氧化硼等。硼硅玻璃具有较好的光泽度、透明度，及较稳定的力学性能、光学性能和热学性能。可用于制造高级化学仪器及绝缘材料。

（6）石英玻璃

石英玻璃由纯氧化硅制成，具有优越的力学性能、光学性能和热学性能。其化学性能稳定、优良，能透过紫外线。可以用来制造耐高温仪器及杀菌灯等设备。

2. 建筑装饰玻璃的功能分类

建筑装饰玻璃是指用于建筑装饰工程的玻璃总称。因建筑装饰玻璃使用在不同部位、不同环境，因此对玻璃的性能要求也有所不同，建筑装饰玻璃的种类很多，但归结起来不外乎三个大的方面：普通建筑装饰玻璃、安全玻璃和特殊玻璃。

（1）普通建筑装饰玻璃

普通建筑装饰玻璃是普通无机玻璃的总称，它是最基本的玻璃制材。普通建筑装饰玻璃包括普通平板玻璃和装饰玻璃。通常把采用引上法、压延法、旭发、平拉法、浮法等工艺生产的平板玻璃称为普通平板玻璃，其主要用于建筑的普通窗户。而装饰玻璃，则是在具备普通玻璃的基本性能的基础上，同时兼有一定的装饰功能，如毛玻璃、彩色玻璃、裂纹玻璃、压花玻璃、镭射玻璃、热熔玻璃等不同风格装饰功能的玻璃。

（2）安全玻璃

安全玻璃是一种特殊性能的玻璃，它可以保障人的人身安全或将人体伤害降低到最小极限，适用于高空或其他易造成人体损伤、财物损失的地方。安全玻璃是在普通玻璃的基础上进行特殊的工艺处理，或与其他材料相结合进行再次加工制成的。安全玻璃在损坏时，或者不会形成碎片的脱落，或者是其碎片边角钝化，不至于对人体造成很大的伤害。现用的安全玻璃一般包括钢化玻璃、夹层玻璃、防弹玻璃等（图7-1-8）。

钢化玻璃是经过特殊的加热、冷却处理，或化学处理的玻璃，其力学强度高、抗震荡性能强，破损后形成均匀、规则的多边形碎块，没有锐利的边角。

夹层玻璃是将双片或多片玻璃与透明胶片，或者钢丝网结合，经特殊加工而成，其特点是不易破裂，且破裂后一般保持整体的关联状态。

防弹玻璃也是采用两片以上的玻璃与透明胶片或钢丝网结合而成，其特点是抗击打性能强、隔音效果好，多用于银行等其他安全保障要求高的环境中。

（3）特殊玻璃

特殊玻璃是指与普通玻璃和安全玻璃相比，在某一方面的性能特别显著的一类玻璃。如热反射玻璃、吸热玻璃、光致或电致变色玻璃、高性能中空玻璃和曲面玻璃等。

（二）装饰玻璃制品的应用及其审美特性

制造工艺的不同，使得玻璃产生不同的审美效果，它们除了具备不同的功能之外，也为改善环境起到了很大作用。

1. 磨砂玻璃

将普通玻璃采用机器喷砂、手工研磨或氢氟酸溶蚀等表面处理方法，形成的具有一定的不透明效果的玻璃，称之为磨砂玻璃。此类玻璃具有一定的透光性，但不具有透视性，当直射光线穿过时，会形成不炫目、

图7-1-8　玻璃在办公空间的应用

不刺眼的柔和朦胧的光线。多用于室内装饰中特定环境的隔断、灯箱、天棚光带的制作（图7-1-9）。

2. 彩色玻璃

彩色玻璃又称有色玻璃、饰面玻璃，分为透明和不透明两种。透明彩色玻璃是在原料中加入一定的金属氧化物（如钴、铜、铬、铁、锰等），呈现出一定的色彩。不透明彩色玻璃是在一定形状的平板玻璃的一面喷上色釉，经过烘烤，退火而成。

彩色玻璃的花色品种非常丰富，在室内设计中有广阔的可选择空间。门窗、隔断、特殊空间环境的发光天棚，以及对光线有特殊要求的部位都可使用。彩色玻璃具有耐腐蚀、易清洗等特性。

3. 压花玻璃和雕花玻璃

压花玻璃和雕花玻璃都是在平板玻璃的表面上制成图案或花纹的特殊玻璃。其立体感强、图案优美、装饰效果丰富、光线柔和。

图7-1-9　磨砂玻璃的装饰应用

4. 印刷玻璃和冰花玻璃

印刷玻璃是以特殊材料在普通平板玻璃上印刷出各种彩色图案。冰花玻璃是将普通玻璃的表面进行特殊的工艺处理后，使其表面形成逼真的冰花图案。印刷玻璃的图案和色彩很丰富，印刷处不透光，空格处透光，有特殊的装饰效果。冰花玻璃则具有质感舒适、立体感强、花纹自然、透光不透明等特点。冰花玻璃有无色、茶色、绿色、蓝色等，装饰效果优于压花玻璃。

5. 镭射玻璃

镭射玻璃是对普通玻璃处理后，背面出现全息或其他光栅效果。镭射玻璃在光线的照射下能形成物理衍射现象，经金属反射后，玻璃表面呈现艳丽的色彩和图案。镭射玻璃的表面色彩和装饰图形因光线强度和照射角度不同而发生变化，可以使装饰面显得富丽堂皇、梦幻万千。

镭射玻璃的视感形象变化丰富、色彩斑斓，有蓝色、灰色、紫色、绿色等。它的结构有单层和夹层两类。镭射玻璃适用于商场、宾馆、娱乐场所的广告牌、门面、地面、隔断和台面装饰，尤其是在歌舞厅里扑朔迷离的舞台灯光的照射下，更加呈现出其光色的无穷魅力。

6. 玻璃空心砖

玻璃空心砖是一种带有干燥气层空腔、周边密封的玻璃制品。它具有抗压、保温、隔热、不结霜、隔音、防水、耐磨和化学性能稳定、不燃烧、透光不透视等优良性能。

玻璃空心砖主要适用于专业场所，如演播厅、舞厅、展厅等。在彩色光线的照射下，其砖体的反射光线柔和浪漫，并随角度的不同而呈现出不同的色彩视感，具有平板装饰玻璃所不具备的厚重感、层次感、玄妙感（图7-1-10）。

六、石膏类装饰材料

石膏属气硬性胶凝材料，它色白质细，加水调拌后具有良好的可塑性，其水化凝结硬化速度快，硬化后体积稳定，不变形。石膏的重量轻、保温隔热性好，且具有吸声防火、易加工、装饰性好等优点，但因其内部空隙率大，因而强度较低。以石膏为主材的各种制品，如石膏板、石膏压线、石膏柱头、石膏柱体、石膏花饰等在室内设计中得到广泛应用，并取得了良好的装饰效果。

1. 纸面石膏板

纸面石膏板是以建筑石膏为主要材料，掺入适量的外加剂和纤维制成石膏芯板，再与特种护面纸结合起来的一种基层装饰材料。纸面石膏板通常不作为面层材料使用，多作为乳胶漆、壁纸或部分木质饰面板等的基层。

纸面石膏板分为普通纸面石膏板、纸面石膏吸声板、纸面防潮石膏板、纸面防火石膏板等几大类。它们除了具有石膏的共性外，还具有各自独到的功能特性。石膏吸声板表面有密集排布的小孔，能起到吸声的效果；防潮石膏板是在原料中掺入具有防水作用的有机盐或无机盐，或者在石膏板的表面进行防水物质的涂敷，从而使石膏板具有良好的防水性能，但不宜用水浸泡。而防火石膏板则是在原料中加入一定量的阻燃材料，从而提高石膏的阻燃性，起到阻止火势蔓延的作用。

石膏板的使用要根据环境功能的不同，进行相应的选择。

2. 嵌装式石膏板

嵌装式石膏板是以石膏为主要原料，掺入适量的纤维增强材料和外加剂，加水搅拌制成浆状，并经浇注成型、干燥后而成的一种不带护纸的板材。

嵌装式石膏板分为装饰板和吸声板两种。吸声板

图7-1-10 酒吧玻璃空心砖的应用

图7-1-11　变化丰富的石膏线组合线型

的正面有很多密集的小孔，可以起到吸声的作用；嵌装式石膏装饰板的正面带有图案或浮雕纹样，形成一定的立体感，具有很好的装饰作用。

嵌装式石膏板为罩面装饰规格材料，因其正面周边带有企口，因此可以直接搁放在组装成型的明框装饰条上。嵌装式石膏板安装完成后无须再作其他的装饰处理，所以对操作中的保洁要求，以及操作的精度要求非常严格。

3. 石膏艺术造型

石膏艺术造型是指以石膏为主材制作的各种石膏装饰品和艺术品。如石膏浮雕、石膏艺术线条、石膏花饰、石膏线板，各种形式的柱头、柱座、柱体等。

石膏浮雕艺术线条适用于室内装饰的天棚和墙面的阴角装饰，也可作为平整基面上的装饰线条。各种石膏花饰则可以用石膏粉和直钉固定在天棚或墙面的特定位置，能够起到很好的装饰效果。

石膏艺术品通常具有西方文化的气息，使用中一定要结合环境的风格、氛围，不可生搬硬套（图7-1-11）。

七、其他类型的装饰材料

（一）乳胶漆类

乳胶漆在室内装饰中得到广泛使用，无论是普通装饰空间还是高档装饰空间，乳胶漆的使用面积都较大。室内装饰乳胶漆具有色彩丰富、质感细腻的特点，随着技术的提高，其耐碱性、耐水性、耐擦洗性等性能也都有了很高的保障，是一种经济实惠、操作方便的装饰材料。

因适用的成膜剂不同，室内装饰乳胶漆分为很多种类，从而也影响到其价格和一定程度的环保指标。在实际的使用中，必须根据室内空间环境的功能特性作出科学的选择。

乳胶漆施工的基层要求非常严格，当进行无肌理施工时，必须对基层进行严格的找平和打磨、除尘处理；而对于有肌理的乳胶漆施工，其基层纹理必须自然、均匀，以保证良好的观感效果。乳胶漆的施工中，无论是采用喷、滚、刷，都必须保证施工顺序的合理和操作的均匀，并对接口和收口部位进行科学的处理。在乳胶漆的施工调制时，必须按照使用说明合理兑水，乳胶漆过于黏稠会影响到涂刷的效果，而兑水过多则会影响其成膜质量。

（二）贴面材料类

现有室内装饰的贴面材料主要是壁纸和墙布，由于壁纸和墙布色彩各异、表面柔软、手感亲切，尤其能表现出室内装饰效果的温馨感。

1. 壁纸

壁纸是以纸为基材，然后进行涂塑或与其他材料相结合，经过一定的工艺处理所形成的一种裱糊装饰材料。壁纸的色泽丰富，图案变化多样，具有很好的审美性与装饰性。同时，一些壁纸还具有阻燃、防潮、防蛀等性能（图7-1-12）。

根据表面材料的差异，壁纸可以分为纸面墙纸、塑料墙纸、纺织物墙纸及金属墙纸等。

（1）纸面墙纸

纸面壁纸可印刷图案或进行压花，其基底透气性好，可以使墙体中的水气向外散发，故不易引起变色、起鼓等现象。这种墙纸价格低廉，但易磨损及变黄，且不耐水、不便于清洗、不便于施工，因而基本已经退出市场。

（2）塑料墙纸

普通塑料墙纸是采用聚氯乙烯糊状树脂进行涂塑，经涂布、印花等工艺制作而成。这种壁纸柔韧耐磨、可擦洗、耐酸碱，具有吸声隔热的功能。普通墙纸包括单色压花、印花压花、有光压花及平光压花等几种，是目前使用最多的墙纸。

图7-1-12 壁纸在墙界面中的应用

（3）植物纤维墙纸

植物纤维墙纸是由麻、草等植物纤维制成，是一款高档装饰墙纸，它具有质感强、无毒、透气、吸声等特点，以及抗拉强度高、耐擦洗等优良性能。但因其制作工艺复杂，所以价格较高。

（4）纺织物墙纸

纺织物墙纸是用羊毛、棉、麻、丝等纤维织成，其质感好、透气性好，但价格较贵。此类墙纸会令环境充满高雅、柔和之感。

（5）金属墙纸

金属墙纸是一种在纸面基层上涂布金属膜制成的，金属壁纸具有很好的耐擦洗性能，具有强烈的金属质感，容易形成辉煌、肃穆的气氛。

2. 墙布

墙布一般可分为无纺墙布、装饰墙布和化纤装饰墙布等几类。

无纺墙布是以天然纤维和合成纤维，经无纺成型后，表面涂布树脂，再印刷彩色花纹而形成的一种内墙面装饰材料。无纺墙布具有不易老化、弹性大、不易折断等特点。无纺墙布按布基材料可分为棉、麻、涤纶、腈纶等种类。

装饰墙布一般是以纯棉为基材经处理、印花、涂布而成，具有强度大、静电小、吸声、无毒、无味等特点。

化纤装饰墙布就是以人造纤维为基材，经一定处理制成的装饰墙布。其具有无毒无味、防潮耐磨等特点。

（三）金属装饰制品类

金属类装饰制品以其特有的质感特性，在现代室内装饰设计中得到广泛的应用。室内装饰中应用的金属主要包括不锈钢、铁、铝、铜等种类。

1. 不锈钢

不锈钢是指在钢中掺入了铬、镍、钛等元素的合

图7-1-13 形式简洁的不锈钢栏杆

金钢。它除了具有普通钢的属性外，还具有更高的耐腐蚀性。

按外表特征来分，不锈钢可分为普通不锈钢和彩色不锈钢。按光泽度来分，可以分为亚光不锈钢和镜面不锈钢。彩色不锈钢是通过用化学镀膜的方法对普通不锈钢进行处理而制成的，它有各种色彩和很高的光泽度，装饰效果极为富丽堂皇。而普通亚光不锈钢则具有工业产品的现代气息。

室内装饰中常用的主要有不锈钢板材和管材。不锈钢板材常用于大型现代空间的柱面装饰，以及墙面造型装饰、门窗套装饰等，管材常用来制作各种栏杆、楼梯扶手、装饰格栅等（图7-1-13）。

2．铁

铁属于黑色金属，本身不具备很好的观感，但它与不同色彩的表面油漆处理相结合，体现出不同的气质。

铁在室内设计中的应用主要是一些变化丰富的铁艺造型、方形铁管、圆形铁管等。它们按一定的设计进行焊接或锚固后，经过表面处理、喷色，形成各异的风格，体现不同的装饰韵味。

3．铝

铝是有色金属，它在室内设计中的应用主要是各种铝的合金产品。其主要应用于建筑门窗和各种截面形状的收口条。

铝板和铝单板质轻、抗老化，且可以进行氟碳等各种工艺的油漆饰面，体现出现代美感与金属美感的结合，是一种很受欢迎的金属材料。

总之，金属材料更多地运用在公共建筑物中，而室内家居环境的装饰相对较少。

第二节　室内环境生态装饰材料的应用

从原材料来源角度讲，生态建筑装饰主要分为自然生态材料和人造生态材料两大类。

一、自然生态材料的合理利用

这里对自然生态材料的界定为直接取材于自然环境或以人工环境中的第一手材料作为原材料的生态材料。

图7-2-1　木材在民俗建筑空间中的运用

1. 木材

木材在室内设计中的使用，具有很长的历史，尤其对于我国来说，得益于对木材的科学运用而成就了独有的大木作框架结构建筑。木材因其具有易加工、易清洗、稳定性强、纹理自然等特点，在现代建筑装饰中运用也较为广泛。木材尽管是可再生资源，但生长周期较长，且砍伐后在新的树林成型之前，对环境的影响较大。因此，对木材的使用应进行合理控制，以维持自然平衡，贯彻可持续发展战略（图7-2-1）。

2. 作物秸秆

随着天然气的普及和取暖方式的改变，农村的生活方式也发生了相应的变化，农作物秸秆很少被用作烧火煮饭的燃料，这便让秸秆成为“累赘”。随着技术的发展，部分作物秸秆起初被用做造纸的原料，而以麦秸为原材料，配入适当比例无毒无害的生态黏合剂加工之后，就可以制成秸秆材料。这种材料具有耐久经用、材质轻盈、防水防潮等特性，可以广泛使用于室内隔墙、地板、吊顶、家具等。

在英国，用稻草制成的板材做成的轻质墙体已经广泛使用，这种墙体不需要额外的加强筋，又具备良好的吸湿性能和隔热性能，是一种十分良好的生态环境材料。

图7-2-2　最美茅茸民家美山町北村的传统茅草屋

3. 芦苇和茅草

全世界许多地区的沼泽地都生长着野生芦苇。芦苇成材后硬度高，表面光滑、耐磨，在世界各地很多地区都有广泛的应用，可以被做成屋顶，制成席子、帘子、装饰物、隔板等。例如北美几个世纪前就用芦苇做成屋顶。茅草的应用也较为广泛，用茅草作为屋顶可以隔热、降温、防水。例如傣族、苗族、佤族等我国西南的少数民族居民基本上都用茅草作为屋顶材料。通过其防水防潮作用和隔绝强烈阳光的作用，起到对屋内室温进行调节（图7-2-2）。

如果这些植物被作为一种材料进行加工制作就会产生很好的商业效益和生态效益。作为一种可再生生态环境材料，芦苇和茅草的应用还有很大的发展空间。

图7-2-3　竹子在建筑室外空间中的应用

4. 竹子

竹材具有质感致密细腻、纹理通直、硬度高、韧性强、容易加工，而且视觉效果和手感都非常好，因此竹材经常被用来制作地板、家具和其他编制的竹制品。这些竹材用品强度高，耐用性强，审美效果好，是理想的室内装饰材料。随着近年来生产技术的提高，专业工厂可以把竹材加工成所需要的各种幅面、厚度的板材，应用于室内装饰中。另外，竹子有着分布区域广、蕴藏量丰富、生长速度快、成活率高等良好特性，因此是理想的生态材料（图7-2-3）（图7-2-4）。

5. 亚麻

亚麻也是可用于室内设计的可再生植物材料，它的特点是易生长。除了观感的装饰效果之外，用亚麻生产制作的室内装饰材料，有着良好的吸湿和透气的性能，当空气湿度较大时可以吸收空气中的水分，当空气湿度下降后再慢慢释放出来，防止室内潮湿而引起的病菌滋生，使室内空气保持新鲜洁净。

6. 泥土

泥土是在世界各地建筑设计中都有着至关重要作用的材料之一。随着工业的发展，现代建筑材料诞生之后便成为建筑材料的主流，而现代建筑拆除产生的建筑垃圾大多数是不可降解的，其堆放和处理给自然环境造成了极大的压力。利用泥土建造的现代生土建筑具有隔热御寒的作用，更重要的是其对自然产生的影响极小，尤其是废弃后，可以回归自然。从经济角度讲，大部分地区具备就地取材的条件，这也减少了外埠材料进入的运输费用。目前，很多建筑师正致力于研究利用泥土来建造现代生土建筑（图7-2-5）。

泥土的衍生品也可做成室内陈设物件，既有观赏效果，又有吸潮和增强自然气息的作用。

二、人造生态建筑装饰材料的选择与应用

人造生态建筑装饰材料主要是指利用材料的边角料或者废弃材料，通过人工合成方法生产的具有环保效果的建筑装饰材料，也指可以直接再次使用的材料。

（一）生态循环再生材料的应用

1. HB（环保）复合板

HB复合板是利用废弃的包装材料再进行循环利用的生态环境材料。各种

图7-2-4　竹子在室内空间中的应用

图7-2-5　夯土效果的装饰涂料形成自然感的内墙表皮

图7-2-6　餐厅中旧砖的应用

包装袋、包装盒等复合包装材料大多属于难降解的材料，造成很大的环境压力。而且在进行回收处理过程中，消耗的资源较多。HB复合板就是利用这些复合包装材料废弃物做原材料，其特点是防水防潮、隔音、成本低、无甲醛等，可以总做室内装饰中的隔板、家具、地板包装、吊顶等的制作，几乎完全可以取代木材纤维板等复合材料。

2. 纸质板材

纸质板材取材于回收的废纸。废纸经过粉碎后，加入高分子树脂和玻璃纤维，在经过压缩处理，最终形成板材。处理后的纸质板材具有防虫、防火、防水等特点，可以用做室内隔墙材料。

3. 砖、瓦、旧木等

当建筑到了结构安全期之后，或者在区域规划时候，很多建筑被拆掉，这样会产生很多旧砖瓦和木头。这些旧的建筑材料尽管有些老化，强度上受到一定影响，但作为装饰材料是不受任何影响的。而且旧材料投射着古朴的韵味，本身就是一种“文化”语言。对旧建材的利用既可以充分发挥材料的价值，减少作为废弃物对自然环境的影响，同时也具有很好的经济效益（图7-2-6）。

（二）纤维复合材料的应用

纤维复合材料是通过现代加工、提取技术，利用天然材料元素加工而成的新型材料。目前市面上比较多的纤维复合材料有木纤维增强塑料复合材料、竹纤维增强塑料复合材料。这两种材料具有很好的力学性能，其压缩强度、抗老化性、抗拉伸强度等特性都达到较高的技术指标。因其良好的性能，且可以做成不同花色，本身有毒元素含量又少，所以经常被用作室内空间中的家具、地板、墙面装饰板等。

思考练习题

1. 室内装饰材料的装饰性特征主要表现在哪几方面？简要论述其主要内容。
2. 简述室内环境设计中主要装饰材料的种类、性能和在设计中的应用特点。
3. 简述生态装饰材料的内涵及体征。
4. 了解生态装饰材料的类型，并通过案例指出生态装饰材料的使用情况及其存在的意义。

第八章 室内环境的照明设计

第一节 室内环境设计的光环境

在现代生活中。光环境对人的生理和心理会产生极其深远的影响，它可分为自然光和人工采光两种。随着现代生活更趋于多样化和舒适化，除自然光照外，人工照明技术在室内环境设计中的地位日趋重要。完美的室内照明设计，应当充分满足实用和审美两方面的要求。因此，光环境对于人的情感起到积极或者消极的影响，是影响人类行为的直接因素之一。

一、自然光环境

光与影能给静止的空间增加动感，给无机的墙面以色彩，能赋予材料更动人的表现。利用自然光的特殊质感来营造室内气氛，创造意境。常见的采光方式有窗式采光、玻璃幕墙采光、玻璃顶棚采光及落地玻璃幕墙采光等。

1. 窗式采光

主要依靠窗户来采光，称为窗式采光。这种形式广泛应用于公共空间场所、客房宾馆、办公室及住宅空间（图8–1–1）。

2. 玻璃幕墙采光

玻璃幕墙在建筑中既可以作为室内采光的媒介，又可以作为建筑的墙体装饰。其特点是影像透光性好，是现代建筑与现代室内采光的一个重要形式和特征。落地玻璃幕墙既可以采光，又可以让路人看到室内的商业气氛。因此，它广泛应用于门厅、商场、银行、餐厅及酒店的门面等环境中（图8–1–2）。

图 8–1–1 公共空间的窗式采光

图 8-1-2　落地玻璃幕墙采光

图8-1-3　玻璃顶棚采光

3. 玻璃顶棚采光

采用玻璃或其他透明或半透明材料作为顶棚，使室内各个区域的共享空间同时得到采光。它广泛应用于图书馆、商业城、展览厅及现代建筑中的相关区域的顶棚（图8-1-3）。

二、人工照明环境

人工照明在室内设计中可称为艺术照明，它在室内环境中的美化作用非常重要。艺术照明不仅弥补了自然光的时差性缺陷，更重要的是满足了人们视觉功能的特殊要求。艺术照明可以形成空间、改变空间或破坏空间。它直接影响到人对物体的大小、形状、质地和色彩的感知。利用光的变化与协调，使室内环境更加符合人的心理和生理上的要求，从而得到各种生理机能的平衡。

（一）光源的色彩特性

1. 光源的色彩

作为照明光源，除了要求高的发光效率外，还要求它发出的光具有良好的色彩度，光源的色彩有两方面的含义：一是指人眼直接观察光源时所看到的色彩，称为光源的色表；二是指光源的光照射到物体上所产生的客观效果。人类眼睛可感知光的波长是390～770纳米之间的电磁波，不同波长的光辐射使我们感受到不同的色彩。

2. 光源的显色性

人工光源照射到物体上时能确定物体颜色的可见度的特性，称为这个光源的显色性。如果各色物体受照射的效果和标准光源（黑体或标准昼光）照射时一样，则认为该光源的显色性好（显色指数高）；反之，如果物体在受照后颜色失真，则该光源的显色性差（显色指数低）。光源的显色性，取决于光源的光谱能量分布，它对有色物体的颜色外貌有显著影响，国际照明委员会（CIE）用一般显色指数Ra作为表示光源显色性能的指标，Ra的理论最大值是100。住宅、旅馆、餐厅等场所常使用显色指标Ra≥90。

3. 色温

不同的色温，也会给人不同的心理感受，在室内照明的设计中，也常常利用这一特点来营造特殊的气氛，创造宜人的光环境。在某些特定的场合，常常要求特殊的色温，以达到渲染气氛的目的。一般情况下，色温单位用K表示绝对温度。色温值＞5000K的为冷色温。如荧光灯、白昼光。色温值在3300～5000K为中间色温。色温值＜3300K为暖色温，如白炽灯光源。低色温的光在较低的照度下使人感到舒适，而在高照度下则使人感到过于刺激；高色温的光在低照度下使人感到阴沉昏暗，而在高照度下则感到愉快。

（二）眩光程度

1. 眩光

在视野内由于光的亮度分布或亮度范围不适当，或在空间上时间上亮度对比悬殊，以致引起眼睛不舒适或降低观察能力的现象称为眩光。它是一种视觉条件，不是光线。如果光源、灯具、窗子和其他区域的亮度比室内一般环境的亮度高得多，人们就会感受到眩光。所以，控制物体的表面亮度是消除眩光的根本途径。

2. 灯具产生眩光的主要因素

（1）光源的亮度和面积的大小；

（2）光源在视野内的位置、观察者的视线方向；

（3）照度水平和房间表面的反射比等诸多因素。其中光源（灯或窗子）的亮度是最主要的。

3. 如何控制眩光

眩光是照明环境中最应避免的现象，如不在室内照明设计中加以控制，严重的还会损害视觉功效，所以工作房间必须避免眩光干扰。避免的办法是降低光源的亮度和隐蔽光源，当光源处于眩光区之外，即视平线上45° 之外，眩光不严重。另外，改变光线的传播方式，使光线不直接射入人的眼睛，也能够达到消除眩光的目的。原则上，在工厂、办公楼、学校、医院等照明场合，要严格控制眩光。但是在某种特定的空间里如迪厅，却有意运用闪烁不定的频闪灯光，渲染一种异常奔放的气氛，使人们借助于跳跃的灯光声色，得到放松宣泄的享受。

（三）照度分布与亮度分布的要求

1. 照度均匀度

为保持室内环境具有足够的亮度水平，使人的眼睛能够舒适清晰地看清室内的东西，就必须保证有足够的照度水平，为使工作面照度处于比较均匀的状态，要求做到局部工作面的照度值不大于平均值的25%，一般照明中的最小照度与平均照度之比规定在0.7以上。

2. 光照度

光源在某一方向上的单位投影面在单位立体角中发射的光通量称为光源在某一方向的光亮度。人的眼睛只能看见一定波长范围和一定强度范围内的光线。良好的室内环境，不仅取决于充足的光照条件，还取决于其他相关的因素。人们根据不同的照明需求，以不同的方式来衡量照明的质量，来评价室内照明的适宜程度。

3. 亮度对比

在视野内的目标和背景的亮度差与背景亮度或目标亮度之比称为亮度对比。物体与背景间的亮度对比越大，人眼的这种分辨能力也越强。但是，在以气氛照明为主的环境，有时却需要用变化亮度的方法来改变室内单调的气氛。如会议桌照度与周围相差很大，反而会形成“中心感”的效果等。

第二节 室内装饰照明

装饰照明也称装饰与艺术照明，它与一般电气照明技术有着共同性，但它又具有一定的特性，即追求更多的装饰性与艺术效果。

在室内装饰照明的功能性方面，要以装饰照明设计的要求与设计目的作为前提，把光源对装饰材料色感及质感的影响作为研究的重点，再根据不同材料的光学特点，根据照明的布局分布运用合理的照明方式，把室内照明的特性充分表现出来。

一、丰富空间内容

在现代室内艺术照明设计中，运用人造光源的抑扬、隐现、虚实、动静以及控制投光角度和范围，以建立光的构图、秩序、节奏等手法，可以大大渲染空间的变幻效果，改善空间比例，限定空间领域，强调趣味中心，增加空间层次，明确空间导向，同时可以通过明暗对比在一片环境亮度较低的背景中突出“明框效应”，以吸引人们的视觉注意力，从而强调主要照明趋向，也可以通过照明灯具的指向性使人们的视线跟随灯具的走向而达到设计创意所刻意创造的空间（图8-2-1）。

二、装饰美化空间

人工照明的装饰效用可以通过灯具的自身造型、质感以及灯具的排列组合对空间起着点缀或强化艺术效果的作用。

对室内设计还起着锦上添花，画龙点睛的作用，使室内空间体现各种气氛和情趣，反映着建筑物及室内设计的整体风格。

艺术照明的装饰作用除了与灯具的造型有关，也要与室内空间的形、色合为一体。当灯光照射在室内的外露结构或装饰材料上时，借助于光影效果便将结

图8-2-1 墙面灯光的设计给空间增添了魅力

构或装饰材料美的特性展示出来。如果进一步考虑光色因素，会使这些美的韵律增添神奇的效果。完美的室内艺术照明设计，还应当充分满足实用和审美两方面的要求（图8-2-2）。

图8-2-2　酒店走廊的装饰照明使气氛显得神秘

三、渲染空间艺术气氛

灯的造型与光的斑斓梦幻，用以渲染空间环境气氛，能够收到非常明显的效果。当夜色降临，喧闹的城市进入了灯的世界，万家灯火，光彩夺目。灯饰、灯光所带给室内空间环境的不仅仅是照明，而是或温馨宁静或热烈华丽的气氛。

例如，一盏盏水晶吊灯可以使大堂的气氛显得富丽堂皇；一排排整齐的灯栅平光，可以使宽敞的写字楼、办公室空间显得高雅、宁静、大方；歌舞厅内旋转变幻的灯光和频闪效果使空间扑朔迷离，神秘刺激；而外形简洁的灯具造型配以适当的光射效果，能使人体验到现代工业产品造型的美感和光影的耐人寻味。

艺术照明的光源可产生多种色光，是取得特定室内情调的有力表现手段。暖色调表现愉悦、温暖、华丽之气氛；冷色调则表现宁静、高雅、清爽的格调。值得注意的是，形成室内空间某种特定气氛的视觉环境色彩，是光色与光照下环境实体显色效应的总和，因此必须考虑室内环境中的基本光源与次级光源（环境实体）的色光相互影响、相互作用的综合效果（图8-2-3）。

图8-2-3　华丽气派的天棚照明

第三节　室内空间照明的应用

不同照明灯具的选用与组合，产生不同的艺术效果，具有不同的气质。灯具的选择要与空间的功能性质统一协调。

一、宾馆照明设计

（一）大厅照明设计

1. 宾馆前厅照明

前厅是客人自由出入以及传达、办理住宿登记及收费等事务的空间，是客人产生第一印象的地方。从视觉感受来讲，宜采用吸顶筒灯，协调和谐、简洁明快、华而不喧，营造华丽幽雅的温暖舒适环境。

前厅的总服务台是接待旅客的主要场所，一般采用吊管筒灯或发光顶棚来照明，用这种方式设计照明可在圆形深筒的控照下，将光线集中在柜面上，便于服务员工作，同时又不致影响大厅的整体照明艺术效果（图8–3–1）。

2. 主厅照明

主厅是休息、等候、接待的场所。一般应采用大型水晶吊灯，使人在大厅内感到光线柔和舒适、豪华典雅，主厅照明要采用壁灯或者投光类辅助灯具将墙面照亮，使其更具开阔感（图8–3–2）。

（二）会议室照明设计

宾馆的会议室一般都装饰得比较高雅现代，在照明设计中应注意会议桌上方的照明不要过强，反射光不能直接装在与会人员的头上，以免在做会议记录和文件处理时会产生眩光和不舒服的感觉，所以会议室的灯具设计常采用带有磨砂玻璃罩或隔栅的LED灯，使会议桌上产生500勒［克斯］（lx）照度。此外，照明设计还有许多装饰性照明灯具作为补充光源，例如天棚上的嵌入式牛眼灯、墙面上的花色壁灯等。此外还要考虑会议室里的其他设备，例如使用投影仪、幻灯、录像机的时候，还要注意室内照明设备的调光问题，最好的办法是在会议室的灯光控制开关中采用集中控制或分组控制的方式（图8–3–3）。

（三）客房照明设计

客房照明主要应创造一个安静、整洁、舒适的环境，一般不设顶灯，而是按功能要求分散设置多种不同用途的照明，例如床头壁灯，使旅客的枕头附近有明亮光感，而又不影响另一位旅客的休息；落地灯，放在休息坐区旁的灯，它在装饰上重点体现营造空间情调的作用；台灯，写字台上要设计聚光台灯，其造型应与家具相协调。除卫生间以外均应采用暖色光源，创造温馨适宜的休息空间（图8–3–4）。

（四）客房走廊照明设计

客房走廊的特点是吊顶低，因为空调风管、给排水设计中的喷淋管、供电线管都要铺设在走廊的吊顶上部。所以走廊照明灯具的光源可以选用吸顶LED灯等。另外，走廊中还应设计应急灯和疏散指示灯（图8–3–5）。

（五）咖啡厅与酒吧的照明设计

宾馆中的咖啡厅在照明上一般是按照功能特点、格调及区域的划分来设计。上部均设有吊顶，或安装

图8–3–1　宾馆前厅照明

图8–3–2　豪华典雅的主厅照明

图8-3-3 会议室照明

图8-3-4 客房照明

图8-3-5 客房走廊照明

图8-3-6 柔和静谧的宾馆酒吧照明

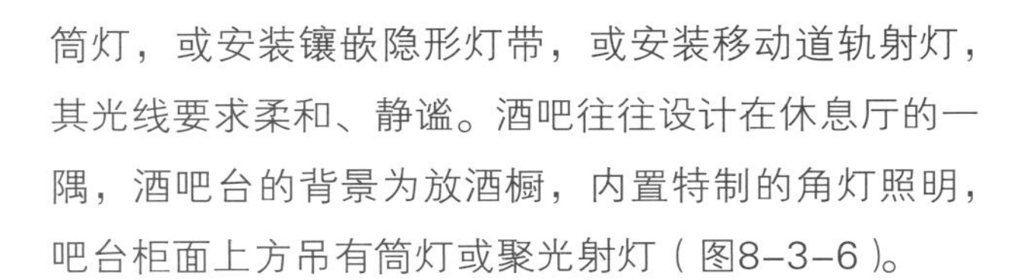

筒灯，或安装镶嵌隐形灯带，或安装移动道轨射灯，其光线要求柔和、静谧。酒吧往往设计在休息厅的一隅，酒吧台的背景为放酒橱，内置特制的角灯照明，吧台柜面上方吊有筒灯或聚光射灯（图8–3–6）。

（六）餐厅照明设计

宾馆中的餐厅可分为中餐厅与西餐厅两大类。在中、西餐厅的照明设计中应表现出中西不同的设计风格。中餐厅尽可能设计安装有中国传统特色的造型吊灯、宫灯等，充分显示东方情调。西餐厅则应设计西式吊灯，与西式的装饰格调融为一体，使客人用餐时可尽情领略异国的风情。因此餐厅的灯饰，应结合装饰的主体风格去设计，灯饰不必过分追求豪华，以简洁、清新、淡雅情调为原则。（图8–3–7）。

（七）KTV包房、歌舞厅的照明设计

KTV包房照明要柔和，在不看电视时照度在50～80勒［克斯］（lx）之间，看电视时也要保持10勒［克斯］（lx）的平均照度。灯具可采用顶灯、壁灯、台灯等多种形式。在设计形式上，可利用壁灯或虚光带营造出斑斓梦幻的效果。

舞厅的灯光设计与灯具布置，一般在舞池上方装有一套专业照明灯具，灯光随乐曲节奏而变化，如满天星转灯、三十头宇宙球灯、多头扫描灯、声控镭射灯等（图8–3–8）。

图8-3-7　中餐厅照明

图8-3-8　KTV包房照明

二、商业室内环境的照明设计

（一）店面照明设计

为了表现商店店面的特殊商业功能特点，灯具的外观造型与灯具的排列上都要认真推敲，精心设计，这样可以使店面的照明效果更富有生气。值得注意的是，在选择灯具时要根据商店特色，并和周围环境相协调，还要使整个店面的环境气氛给人一种文化品位的美感。另外，店面的灯箱广告照明也十分重要，一般采用内打光方式，并能刺激顾客的消费欲望，同时在商业环境区域中作为引导性的标志符号（图8-3-9）。

店面的照明设计，要避免眩光直接照射在进入商店的顾客视线中，解决这一缺陷可以采取两个方面的措施：其一，利用灯罩来遮挡易导致眩光的光线，使光源、灯罩和人的眼睛三者之间形成一定的位置关系，即保护角。其二，采用间接的照明方式、使光线经过反射或漫射后，均匀地布满在店面周围的视觉区域里。

图8-3-9　店面照明

（二）商店内部照明设计

商店的内部照明在功能区域划分中有别于店面照明设计，商店照明设计要充分研究消费心理，按商店经营种类、地理环境、建筑式样、陈列方法等不同条件进行设计。商品展示厅的灯光设计要以突出商品为主，把商品的形、色、光、质等正确而恰当地表现出来。在营业厅内还可采用吊轨灯配上投影灯、聚光灯，将光线投射到商品上，以灯光来吸引顾客的目光和注意力，从而更加突出商品的特色。根据商品陈列的需要，有的可淡化处理，有的也可重点增加点光源修饰，有的则可连同天花灯统一处理，从而体现出商场内部商品与灯光相互映照的华美气氛（图8-3-10）。

（三）橱窗照明设计

橱窗照度一般应是店内营业平均照度的2～4倍，一般多采用高亮度的聚光投射灯作为照明光源。好的橱窗照明，可以更好的起到广告促销、服务顾客、宣传企业文化等功能。

图8-3-10　商店内部照明

1. 对外橱窗

对外橱窗，需采用重点照明，通过霓虹灯、彩色灯光装饰来吸引行人和顾客，达到宣传商品和美化环境的目的（图8-3-11）。

图8-3-11　对外橱窗照明

2. 内橱窗

内橱窗照明应选择和陈列商品相一致的灯具光源，以烘托橱窗内的视觉效果。依靠强光的效应使商品冲击消费者的视觉感官，表现商品的立体层次感、光泽感，使质感更为突出。内橱窗宜采取平埋式配光（图8-3-12）。

图8-3-12　内橱窗配光效果

三、办公空间的照明设计

目前，按照不同行业、不同功能的办公需求，办公空间提出了不同的光环境设计要求。室内空间的组合和平面布置以及光环境的设计，都会直接或间接地影响办公人员的工作效率和心理变化。

根据目前对办公人员的调查来看，影响办公光环境舒适愉悦的因素大致有以下几点：

1）照明的不同照度；

2）眩光；

3）反射眩光；

4）光色、显色性；

5）室内的高度分布；

6）室内空间的光照方向和强度；

7）房间的形状和色彩；

8）窗户的开设方向及大小；

9）窗外环境。

由此可见，一个办公空间的照明设计并不单单只考虑与办公桌面有关的照度设计，而必须要从整个室内环境的舒适度来考虑设计问题。

办公空间的光环境由白天的自然光源与人造照明光源组成。自然光源的引入，与办公室的开窗有直接关系，窗的大小和光的入射量会对人在心理与视觉方面产生很大的影响。一般来说，窗的开敞度越大，自然光线也会对办公空间产生刺激感，不利于办公写字心境，所以现代办公建筑的设计，既要开敞式窗户，尽量满足人对自然光的心理要求，又要非常注意柔光和窗帘装饰设计，使光能经过二次处理，变为舒适光源（图8-3-13）。

人造光源是自然光源的辅助，自然光源在室内空间中是不能完全满足其光环境的需要。人造光源的照明设计，在功能安排方面要结合室内所需光区域的平方数量及天棚结构造型，以增加空间光感度，营造出幽雅的办公光环境（图8-3-14）。

四、学校照明设计

学校照明的设计目的是为教学提供必要的视觉条件。对白天上课的学校，用人工光源来补充教室内照度不足的部分，使照度分布均匀。在晚上教学的教室，更是特别需要有足够的照明设备，创造良好的照明环境，降低视觉疲劳，防止学生近视，以便取得良好的教学效果。

良好的照明设备要具有以下条件：

1. 照度适当

学校的照明设计，一般教室和实验室可按150～200勒［克斯］（lx）照度设计，绘画、制图教室可按150～300勒［克斯］（lx）设计。

2. 减少眩光

为了减少眩光，教室的照明一般宜采用荧光灯，并与黑板成直角方向排列，此种排列方式明度比较均匀，眩光较少，减少光幕反射。此外，各排灯之间的距离不应大于灯具最大的允许距离比率。

3. 黑板照明

由于黑板是垂直的，若单靠顶棚照明，黑板的垂直照度是不够的，有必要设置专用灯具。对黑板照明的要求条件如下：

（1）学生不应感到黑板的反射眩光，并能很清楚地看清黑板上的字迹。

（2）教师讲课时不感到前方有眩光，因此黑板照明灯具的位置应在水平视线以上的仰角45°以外。当教师在黑板上写字时，也不应出现反射眩光。

（3）由于黑板上吸收很多光线，为了保证看得清楚，黑板上垂直照度要高，上下左右的照度分布要均匀（图8-3-15）。

图8-3-13　办公空间自然光源与人造照明光源的组成

图8-3-14　人造光源的辅助效果

五、体育场的照明设计

体育场馆照明设计所需要的第一个功能要求是要满足运动员的视觉要求。第二要考虑比赛时观众的视觉观感舒适，清晰。此外还要考虑到电视摄像等因素。因此，无论室内还是室外运动场所，都必须通过对照明设备的设计，提供符合要求的人工照明设计。

1. 体育场馆照明设计的技术要求

照明要求：

在比赛场上，为在瞬间能够清楚地看到运动员及其活动对象（如篮球、足球等），要有足够的照度，并且在对象与对象的背景之间应有适当的反差。这里不仅要注意垂直面上的平均照度，还要注意立体空间的照明层次感。

常用的质量指标：

照明质量包括许多方面，它不是一个简单的数值，也不是一个客观的照明条件，而是人们对照明的主观评价。

（1）照度均匀度（最大照度/最小照度） 照明均匀度系指照明区域内最大照度与最小照度之比。其值越小，照度越均匀。作为照明设备的使用性能和美感需要，均匀度梯度是具有重要意义的指标。因此应根据不同运动项目，观众及电视摄像的要求来确定均匀度梯度。

（2）光色和显色性 在照明设施中，由于所用光源的光色不同，所得到的照明效果就不同。因此，在进行设计时，必须从照度以外的照明质量方面，对光源的特性进行研究。另一方面，光源的显色评价指数不同时，所形成的光照气氛也不相同，这都需要根据运动内容采用适当的光源。

2. 体育场馆照明设计的特点

（1）室内设施的体育照明：通常采用标准式照明设计，同时应按比赛项目不同的特点进行设计。

在室内进行的各项运动，大致分为两类：一类是利用空间的运动（如篮球、排球、羽毛球等），一类是以低位置为主的运动（如击剑、滑冰、游泳等）。为了减轻进入运动员视野内的眩光，应该注意反射眩光。有的运动项目（如拳击、摔跤等），应不受光源辐射热的影响。多功能的体育场馆，必须设置调光装置和控制回路来变换照明方式和照度，以达到其使用目的（图8-3-16）。

（2）装修与照明设计的关系：为了使室内顶棚、墙面等得到适当的对比，应考虑室内饰面材料的反射系数和色彩。一般情况下，为了防止眩光和提高照明效率，要采用无光泽的反射系数高的饰面材料。

（3）减少眩光：要减轻光源的直接眩光，比如墙面、地面和设在室内的机器设备、用具等所产生的反射眩光。特别是为了减轻光源的直射眩光，应在照明器上装设格栅，采用间接和半间接的照明方式。

（4）照明标准：指水平面的照度，但垂直面

图8-3-15 教室照明

图8-3-16 体育馆照明

的照度也很重要，应对两方面的照度进行精心的设计。一般情况下，水平面照度En和垂直面照度Ev之比在1：2以下，水平面照度的均匀性在Emax/Emin=1.5/1以下。

（5）光源与灯具：在天棚高的室内比赛场地上所用光源，宜采用高效率、长寿命、大光通量的荧光灯和金属卤化物灯或高压钠灯。在天棚较低、规模较小的比赛场地则宜采用荧光灯、白炽灯等。如将这些光源混合使用可以取得良好的效果。要充分重视照明的配光、安装距离和安装高度。

（6）阴影：在比赛中，让观众在视感上能看到运动员有适当的阴影，能取得距离感和立体感效果，这对可见度是有益的。最有效果的阴影是水平照度与垂直照度之比，应在En：Ev=1：（2～4）的范围之内。通过采用反射罩可以大致得到上述比例和范围。

六、家庭居室的艺术照明

室内装饰的色彩、形式、质地等映照在人们眼中物化状态是靠光来完成的。高水平的光环境能与室内装饰相得益彰。反之，不适当的光线会使室内装饰与陈设变得乏味和灰暗，影响人的心理和视觉审美。

由灯光带来的光环境是家居室内空间具有生命力的基础。它揭示空间、界定空间，创造了室内空间的意境，同时，又满足了人们生活休息等需求。自然界的光影效果是由太阳和月亮来制造的，而室内空间的光影效果则主要是通过人造光源的布置来创造的。光影可以表现在天棚、墙面、地面上，会产生令家居主人意想不到的视幻艺术效果（图8-3-17）。

1. 家庭居室的照明方式

家居照明设计方式具有漫射式、聚光式、变光式、交叉式等。

（1）漫射式　即天棚灯光漫射照明，光线均匀柔和，空间透明度强，有明亮视感。如起居室天棚的主体照明。

（2）聚光式　是定向光源，有照射的局部区域范围，针对性强，光感好。如餐厅上方的吊灯，书桌上的台灯，沙发边上的落地灯。

（3）变光式　是可调灯光型，可根据家庭居室的照度要求，调节光亮度，造成不同的气氛和情调。当前，此种方式较受欢迎。

（4）交叉式　为室内空间多角度多光线照射型，为了营造不同的家居艺术氛围，可在较为宽敞的室内空间中，设计交叉式照明方式。如起居室内，为适应不同的功能，看电视、唱卡拉OK、聚会等，可设计天棚射灯、墙面壁灯及角灯等交叉光线，创造休憩、娱乐、团聚的热烈气氛（图8-3-18）。

2. 家庭居室灯具的类型

每个房间都要按其不同功能形式来选择灯具的类型。

（1）定向灯

光束被固定的障碍物或反射板挡住，光线只向一

图8-3-17　家居室内空间的照明

图8-3-18　漫射式天棚灯光照明

图8-3-19 灯光设计的艺术整体性

图8-3-20 起居室艺术照明

个方向照射，这一类灯具包括直接照耀在人和物上的灯光。如起居室的吊灯，书房的台灯、落地灯或任何可调型的灯具。

（2）反射灯

从墙或天棚上反射回的灯光，不再是一种直接的照射光源。但它来源于定向灯具的光线。如起居室的发射落地灯。

（3）聚光灯

聚光灯是定向灯的特殊类型灯具，它照射出一种被控制的强烈的光线，使用在特殊部位特殊功能需求处。如在客厅里安装一盏小型的聚光灯直接照射在墙壁上悬挂的装饰画或油画精品上，能创造出特殊的艺术气氛。

（4）射灯

射灯的种类很多，有轨道式、移动式、可调式等。设计时要慎重选用，要少而精，起画龙点睛作用。如餐厅小吧台上方设计两盏可调式小射灯，照射在酒瓶和酒具上，晶莹剔透，诱人饮用。

3. 灯光设计的艺术整体性原则

不论选择何种照明方式和灯具种类，都要符合居室空间设计的艺术整体性原则。

室内设计师可以根据主人的喜好来选择照明方式和灯具，但首先必须要和室内界面的装饰、家具的色彩样式及整个房间色调相协调。如果是冷色调的浅绿色墙面，那么采用暖色调的光线，就会起到调和作用。相反，采用冷色灯光源便会产生更加清冷的感觉。如果灯光的光色与物体颜色接近，会使物体色彩效果减弱。光色与物体颜色是互补的话会使物体显得更暗淡。例如家具的色彩是暖黄色，在白炽灯的照射下会光彩夺目，用荧光灯就会把原来的颜色加以冲淡。

在灯具颜色的选择上，要与室内装饰总体色调协调，要符合家居主人的性格、爱好及审美个性。总之，家居空间的照明设计要符合室内设计装饰的整体艺术性，不能各个设计元素各自为政，甚至相互影响产生不舒适的效果（图8-3-19）。

4. 不同家居空间的艺术照明设计

（1）起居室　灯光设计要求具有热烈、亲切、温馨气氛。常用灯光当属天棚中央的灯具照明，根据房间的高低不同，选择不同类型式样的吊灯、吸顶灯。受空间和人数的限制，宜采用漫射式照明。但可以用点光源加以补充，如落地灯、小射灯等，营造起居室不同的气氛（图8-3-20）。

（2）主卧室　卧室的主体灯光照度不可太强，在天棚采用中等型号的吸顶灯为佳，也可采用间接照明的方式。如只设床头灯和落地灯照明，而不用天棚的主体光源。选用减光控制器开关或者低瓦彩色灯光更能体现卧室的浪漫情调（图8-3-21）。

（3）儿童房　儿童房的照明要充分考虑到儿童的生理与心理特点。从生理角度讲，以安全为主，如

图8-3-21 温柔和谐的卧室照明

灯具不要被儿童摸着。从心理角度讲，儿童天真烂漫，对事物充满稚趣和幻想，追求新鲜感，喜欢鲜艳的色彩，如灯具的造型、色彩，以及照明方式都应区别于成年人的欣赏习惯。灯具的造型可以是卡通式的，动物式的。色彩可选择色相对比色的，纯度较高的，光线的设置既可以照度明亮，也可以利用减光控制器来调节光线（图8-3-22）。

（4）书房　光线要轻柔淡雅，不要刺激，避免眩光，主体照明是写字台上的台灯光源及电脑桌上的折叠式聚光灯光源和漫射式的吸顶灯光源（图8-3-23）。

（5）餐厅　通过光线的色调来刺激食欲。为让用餐者有个好心情，灯具

图9-3-22 儿童房照明

图8-3-23 书房照明

图8-3-24　居室餐厅照明

图8-3-25　卫生间照明

式样可采用垂吊式调节吊灯。在照亮餐桌的同时，还能照射在其他小陈设品上（图8-3-24）。

（6）卫生间　卫生间的灯光设计主要是满足使用功能的需求，如在吊顶上安装一至两个100毫米×100毫米筒灯，光线柔和不刺激。如需要在卫生间里化妆，则要在镜子两旁设计两个防潮型壁灯（图8-3-25）。

思考练习题

1. 室内设计的光环境包括哪两大部分？其主要内容是什么？
2. 如何使用光源的色彩度来营造室内空间环境气氛？
3. 在光源设计中，如何避免或削弱眩光？
4. 不同的室内空间场所，怎样区分灯光色彩？
5. 办公空间室内照明设计应考虑哪些因素？它和商业空间照明设计有哪些不同点？

第九章

室内软装与陈设设计

PPT 课件，请在计算机上阅读

第一节　家具在室内环境中的设计表现

一、家具的尺度

室内设计是要实现空间功能并改善人们的生活，因而，从使用功能的层面考虑，家具首先要在尺度上符合人机工学，从人机工学的角度设定家具的尺度，以满足最基本的使用功能。同时，家具应具备方便实用、舒适等物理性能。从整体室内环境的角度考虑，通过家具尺度的变化来改善空间的合理尺度，使空间更符合人性化的审美需求。

二、家具与环境的协调

家具是室内环境中的重要组成部分，也是空间的附属部分，因而家具的选择不能脱离空间的具体尺度现实与功能现实。根据环境功能的需要进行家具的组合和设计，一方面可以弥补原有空间的不足，满足功能的需求，另一方面，家具配置和形体的显示，实际上是一种传统与时尚、审美与情趣的符号和视觉艺术的传递，或者说是一种审美意境的向往。所以，通过家具的展示，可以创造新的空间感受与环境特征（图9-1-1）。

三、家具与室内空间的互动

家具不仅具有满足使用功能的基本功效，同时，作为空间的存在物，它对空间的组织产生极大的影响。

1. 组织空间

家具作为空间的实体存在，具有将空间划分为不同的功能活动区域的功用。并可以利用家具的摆放去组织人们的活动路线，使人们根据家具的不同组合去选择个人活动和休息的场所。

2. 分割空间

家具对空间的分隔具有独特的特点，既能够保持空间原有的通透性，又可以划分空间单元，令空间隔而不断，相互渗透。利用家具分隔空间可以充分提高空间的利用率，合理使用空间（图9-1-2）。

图9-1-1　家具与环境的协调

图9-1-2　家具的互动性

第二节　室内软装的含义与分类

一、室内软装的含义

室内软装，除了家具以外，还包括日常生活用品、工艺品、室内织物、家用电器、灯具、绿化盆景等的配置与选择。室内软装品，在整体体量上，占用空间的比重很大，软装品的选择，对于一个空间功能要求和装饰要求的实现都有举足轻重的作用，室内设计的气氛、情调，在很大程度上取决于软装品的设计。

室内软装是室内装饰的延续与发展，室内软装品的情调追求，应与室内的装饰设计一脉相承、紧密结合，利用不同软装品的材质美、肌理美、色彩美，强化空间装饰氛围，塑造完美和谐的空间（图9-2-1）。

二、室内软装分类设计

1. 室内织物

织物在室内的覆盖面积大，可以起到调整室内的色彩、补充室内图案不足

图9-2-1　室内软装的情调追求

的作用，可以对室内的气氛、格调、意境等进行更深层的艺术渲染。织物具有柔软、触感舒适的特性，所以能够有效的增加舒适感。室内织物主要包括地毯、坐垫、门帘、窗帘、帷幔、靠垫、床单、床罩、台布等家具罩饰物。

（1）装饰地毯　质地柔软、面积可调、富有弹性，吸音防噪，图案丰富是装饰地毯的功能优点。

（2）窗帘、帷幔　窗帘、帷幔具有分隔空间、避免干扰和调节室内光线的作用，且冬日保暖，夏日遮阳。从室内装饰效果看，窗帘、帷幔可以丰富室内空间的构图，增加室内的艺术氛围（图9-2-2）。

（3）靠垫和罩饰物　靠垫是沙发或床头的装饰性与功能性的附属物，它在室内设计中的作用也是不容忽视的。其作用主要是借助对比的效果，使家具的艺术效果更加丰富（图9-2-3）。

2. 室内观赏性陈设

观赏性陈设品可以分为两大类，一类是摆设饰品，一类是悬挂饰品。观赏品的陈设不仅着眼于其本身的艺术价值，而且着眼于它们在室内陈设艺术中的

图9-2-2　窗帘营造的艺术氛围

图9-2-3　靠垫和罩饰物增添了艺术效果

图9-2-4　室内雕塑的陈设

图9-2-5　壁面悬挂艺术装饰

装饰作用。

（1）雕塑的陈设　雕塑的陈设应充分考虑光线，如光线不足时，应配以灯光照明，以体现其优美而适度的光影变化（图9-2-4）。

（2）古玩、室内悬挂艺术品的陈设　壁面悬挂艺术在室内设计中占用重要的位置，它对室内空间艺术气氛能起到画龙点睛的作用，包括绘画、书法、挂屏、壁毯、壁饰和挂盘等，具有一定的主题软装饰（图9-2-5）。

第三节　室内陈设在室内环境中的设计

一、陈设的选择

室内陈设品的选择上还要从家居装饰陈设的文化品位去考虑，如室内环境中所体现出主人的修养、喜好甚至学识；从宾馆的陈设中辨别它的档次、星级与价格；从办公陈设中感受企业的文化、企业的业务性质与企业整体的形象；从餐饮陈设中品味它的主题与独特的餐饮环境（图9-3-1）。

图9-3-1　陈设品的选择

二、陈设的布置原则

室内陈设布置的原则是根据不同类型空间的要求及空间形态的特

征，用陈设艺术的美学法则针对陈设品本身的艺术内涵及在室内空间中的效果，对各种陈设品，如字画、工艺品、陶瓷等做系统的设计安排与布置。陈设设计最重要的是考虑空间尺度与陈设品之间的关系，以及空间性质与陈设品特征之间的协调关系。

1. 室内空间与陈设的比例关系

室内陈设品的大小与形态都应与室内主要家具尺度、空间尺度形成协调的比例关系。如果陈设体积过大会使室内空间显得狭小；如果过小，则容易造成室内空间空洞单调。

2. 室内软装与陈设品统一协调

陈设品的色彩、材质和风格会对室内空间的品位产生直接的影响。选择适合的陈设品要充分考虑室内装饰附件与建筑空间环境色彩结构的关系，要按照室内环境的整体装饰要求，有针对性地进行色彩、材质的搭配，同时室内陈设品的风格也必须和室内整体环境的设计风格相统一。室内陈设品有时不单单是起到功能和装饰的作用，它同时也反映着使用者的文化教养与审美层次，所以，陈设品的设置应与室内环境共同构成视觉审美中心，点缀烘托出室内环境的艺术文化氛围，增强空间环境的审美意蕴（图9-3-2）。

图9-3-2　陈设品的搭配

第四节　室内生态家具设计与表现

一、生态家具设计概念

作为一种设计观念和手段，生态家具设计也是按照自然环境存在的原则，与自然相互作用、相互协调，能承载一切生命迹象的可持续发展的设计形式。

一般来说，生态家具应是“生态设计、生态材料、生态生产、生态包装、生态营销”，即“五绿”技术的综合体现。在家具材料选用上，实现家具选材用料的天然化、绿色化、环保化，不能含有损害人体的有毒成分。根据中国“十三五”发展计划中关于生态环保方面的最新国家标准和新的发展方向来看，这将对未来生态家具的研发设计具有崭新的指导性意义。

生态家具设计尤为重要的是对于具有生态性材料的了解和认识开

始，并通过对材料的选定，围绕“工艺和装饰”原则开展设计，并将“环保观念”“再利用观念”融入设计之中，这样的设计在新的表现方式下呈现了有别于以往的时代性和创新性设计。其次，在家具构造、尺寸变化、制作工艺、装饰风格等方面思考，又可根据空间的环境形态和功能需求深化设计。而在家具的生命周期中，则从原材料到家具成品，再到家具废弃或者作为新的原材料被重新使用，其实就是再利用的设计过程。就生态家具设计内容来说主要有以下几种：

1）原木家具、科技木类家具、高纤板材家具、纸质家具［图9-4-1（a）］；

2）未经漂染的牛、羊、猪等皮张制作的家具［图9-4-1（b）］；

3）以藤、竹等天然材料制作的椅、沙发、茶几等家具［图9-4-1（c）］；

4）以不锈钢、玻璃、钛金属板等材料制作的家具［图9-4-1（d）］。

二、生态家具设计的基本特征

生态家具设计是随着环境污染、资源匮乏等日益出现的问题所提出的一种设计思路，从生态理念来看，是围绕绿色设计思维进行设计的，既满足室内设计功能需要，又能体现节能环保观念，反映了人们对现代家具与环境构成一定空间内的系统是在生态化、个性化、人性化基础之上的。根据这个空间系统所构建出有关生态家具设计的基本特征具有国际性和地域性两个方面。

1. 生态家具设计的国际性

21世纪的家具设计呈多元化发展，各种风格流派随着时代的进程也在不断地演化。不同国家不同时代的家具设计风格，也是从传统设计中汲取养分，与时代的需求产生共振共鸣，并在这种循环中不断变化发展。现今随着经济全球化、文化国际化、生态资源稀有化，人们生存环境及自然生态也日益受到不同程度的改变和破坏，在此发展背景下，对于“生态化”的需求正成为各国各行业统一谋求发展的方向。在这个层面上可以说，当代家具设计的生态化设计表达了国际人文历史情感和工艺技术的变革设计，继承了简约内涵，引入了自然生态理念，强调先进的技术手段，运用成熟的材料、工艺和技术，在设计中运用“以人为本”的设计原则，呈现具有人文历史情怀感和装饰元素的设计符合国际发展态势。

2. 生态家具设计的地域性

家具设计的地域性概念泛指相对于某一地理区域或国家，根据其当地民族宗教、风土人情等人文历史环境，形成独具代表性的风格和结构体系的家具设计，并具有一定的可识别特性。针对各地的自然气候、风俗习惯、地域材料、工艺手法、地方性

（a）科技木类家具

（b）皮毛与木家具

（c）藤类编制家具

（d）玻璃与金属材质家具

图9-4-1　生态家具

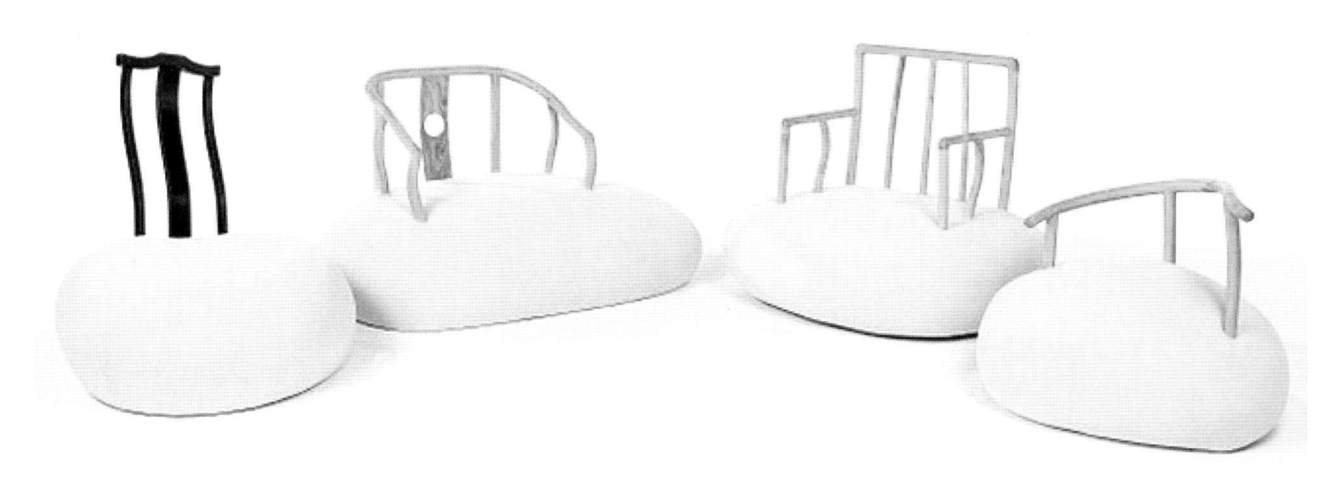

图9-4-2　具有地域结构体系的家具设计

风格元素及不同时期的地域差异，从而形成不同的理解和表现，并将其融入家具设计之中，立足家具设计的本土化。（图9-4-2）

生态家具设计的地域性是顺应室内空间设计需求的发展，将地域文化符号的形与意、现代审美观念、现代生活方式与传统家具形态重构的家具设计方法。通过艺术形式表现，凸出新工艺与地域文化之间的关系，注重科学选用生态材料、防止污染，确保生态环境的可持续性，合理应用在现代设计的思维之中，这样才能设计出具有浓郁地域性、民族精神的、意境深邃的设计作品，从而形成独特审美情趣的家具设计。（图9-4-3）

三、生态设计理念与应用表现

首先，生态家具的创意设计需要对原材料进行一定的筛选，对其材质特性应有一地的认识度，才能呈现出不同形态结构理念的家具样式，这需要考虑以下几点内容：

1）选择易进行加工、几乎无污染的原材料，也可选用容易获取、生长周期短的材料。

2）选用容易分解的原材料制作家具，可在家具的使用年限超期后，对其进行分解且对自然环境不会造成污染的。

3）采用易取得、易降解的原材料进行家具制作，对保护生态环境的有着重要的作用。

其次，家具设计的极少化表现原则。应该尽量降低家具制作工艺的

图9-4-3　具有民族元素的座椅

复杂程度，同时减少制作家具所用的原材料量，在制作过程中把对环境的影响减到最小度；另外家具在色彩和造型表现上力求简洁，抛弃繁冗复杂的装饰细节。贯穿“少即是多”的设计理念，宣扬简约大气的设计风格（图9-4-4）。

最后，生态家具设计表现还要遵从人体工程学的原则进行思考设计，充分考虑使用者在使用过程中的感受，避免因为家具设计尺寸的不合理造成使用者身体上的疲劳感。色彩的选择和设计风格的选定也应根据不同地域进行设计，满足不同使用者的心理需求和审美需求。在进行家具的制作过程中，充分考虑人在使用过程中的心理感受，协调好生态类家具与人和环境之间的关系，这样可以帮助人们更好地进行工作和生活。

图9-4-4　极少化原则组合设计

思考练习题

1. 明清时期的家具在造型设计上有哪些特点？
2. 简述现代家具与传统家具有哪些区别。
3. 谈谈家具在室内环境中的设计表现有哪几个方面。
4. 室内陈设的含义是什么？室内陈设有哪些分类？
5. 怎样把握室内陈设的布置原则？
6. 简述生态家具设计的基本原则。
7. 依据生态材料的选择，生态家具的设计类型有哪几种？
8. 浅述你对生态家具设计在环境表现中的思考。

第十章

室内环境的绿化设计

PPT 课件，请在计算机上阅读

第一节　绿化设计的生理与心理需求

在室内环境中进行绿化设计，将会给长期生活和工作在室内空间的人们带来更多的自然界的生机。现代化的建筑，越来越多的采用非原质、非传统的材料，而室内设计中所能选用的自然装饰材料也越来越少。于是，人们开始呼唤"绿色设计"、"健康设计"的回归。在室内设计中引进自然的绿化景观，嗅其沁香，观其绿意，便成为室内设计重视的内容。

在室内设计中，人们巧妙地把自然景观、绿色植物、山石水景以及中国园林的设计元素引进室内，似清凉剂，给向往回归自然的都市人提供了一片理想的家园，并满足了人们对大自然意境追求的心理与生理的需求。同时，将绿化引进室内，与空间的装饰设计、陈设布置等一起，营造诗情画意，也是表现出对中国传统文化意识与风格继承的含义（图10–1–1）。

中国古代哲人"天人合一"的哲学观至今产生影响，其反映的不仅仅只是一种文化内涵，更重要的是深层次地表露人向往自然的本性内涵。

古人讲的"天"，从环境艺术的观念上来理解可以看成是除自身群体以外的客观自然环境或人工环境，"人"可以视为自我与群体，即审美主体。"天人

图10–1–1　绿色设计的回归

合一”应看作是人与物的共生，人与自然的共存，人与环境的“对话”、沟通和融合。

室内空间的绿化景素的生态效应是室内自然调节器，它可以澄新空气，改善气候，有益于室内环境的良性循环。同时，室内绿化可在建筑中用分层建构这样一种独特的空间利用方式，在目前城市人口密度偏大，生活用地偏紧，公共绿地偏少的情况下，这成为增加绿化覆盖率的有效途径。

绿化景素一旦引入室内空间环境，便获得与大自然异曲同工的胜境。植物、水、石所形成的空间美、形态美、色彩美、时空美、音响美、极大的丰富了室内空间设计艺术表现力。使人心境得以净化，怡情养性，徜徉于物外之意、景外之境的美好氛围之中。

从另一视角也能品味出室内绿化景素的社会功用性。在当今信息时代，由于工作节奏加快，生理机能紧绷，人们大都渴望生活工作中有劳有逸的结合和互补。在城市公共建筑空间里融入绿化美景，让人在工作和信息往来的交流中，亲身体会自然的亲情，放松紧张的神经，在工作中加入一点温馨的感受（图10-1-2）。

图10-1-2　公共空间中的绿色布置

第二节　绿化设计的三大构成

室内绿化设计是将植物、水景、石景引入到室内空间，共同构成完整的绿化设计三大要素。

一、室内植物

室内植物是室内绿化的核心元素。可以说，没有植物就无所谓室内绿化，所以，研究室内植物的布置与设计不仅要考虑周围的美学效果，更应考虑植物的生长环境，尽可能地满足植物正常生长的物质条件。

1. 光照与室内植物的生存关系

光是生命之源，更是植物生长的直接能量来源。植物利用叶中的叶绿素吸收空气和水分，在光的驱动下转变为葡萄糖并释放出氧气，从而维持正常的生命活力。室内植物的健康成长，受光因素的三个特性影响，即光的照度、光照时间和光质。

2. 温度与室内植物的生存关系

植物属于变温生物，其体温常接近于气温（根部温度接近于土温），并随环境温度的变化而变化。温度对植物的重要性在于，植物的生理活动、生化反应都必须在一定的温度条件下进行。

3. 水与室内植物的生存关系

植物的体内绝大部分是水，占植物鲜重的75%～90%以上，因此植物离不开水。在室内，除了水生植物的基质水外，主要以湿度的形式影响植物。生态学研究表明，水分对植物的生长影响也有最高、最低和最适三基点。低于最低点，植物萎蔫，生长停止、枯萎；高于最高点，根系缺氧，窒息、烂根；只有处于最适范围内才能维持植物的水分平衡，以保证其正常生长。

4. 土壤与室内植物的生存关系

虽然现在已有无土栽培技术，但土壤仍然是绝大部分植物的生长基质。土壤对植物最显著的作用之一就是提供根系的生长环境。

5. 常用于室内栽种的主要植物种类

植物以丰富的形态和色彩，为室内环境增添了不少情趣。它还与家具等其他陈设一起，组成室内的一道变化无穷的风景线。目前，适合室内栽培的植物按观赏特点，可分为观叶植物、观花植物；按植物学分类，可分为木本植物、草本植物、藤本植物等。

（1）木本类植物　印度橡胶树、垂榕、蒲葵、苏铁、棕竹、棕榈、茶花、罗汉楹、香榧、广玉兰、冬青、栀子、珊瑚树、大叶黄杨、海桐、石楠、月桂等（图10-2-1）。

（2）草本类植物　龟背竹、文竹、吊兰、水仙、芍药、兰花、万年青、秋海棠等。

（3）藤本类植物　大叶蔓绿绒、薜荔、绿萝、常春藤，等等。

图10-2-1　木本类植物

图10-2-2　静态水体

二、室内水景

水是室内环境绿化的另一审美景素。室内设计师可以借水景来调节室内的气氛，可用水景来形成绿化合成的纽带，也可成为室内绿化的构景中心。设置水景，会使室内空间环境富于生命力。水景具有形质美感、流动美感、音响美感。水可以使环境融入时空观念，水可以在室内妙造神境，在有限的室内空间中，水景可以让人们联想到浩渺江湖，“尺波勺水以尽沧溟之势”。水景的要素通常包含以下几个方面：

（1）静态水体　在室内空间环境中，没有动态变化的特定区域水体景观，称之为静态水体。静态水体给人以清静幽雅之感（图10-2-2）。

（2）动态水体　利用可循环装置，使水面生成一定的波动或流动的效果称为动态水体。动态的水体会给人以生动轻快的感觉，同时也是创造室内音响美的重要因素（图10-2-3）。

（3）喷泉　利用机械原理使水面出现不同高度、花形的喷涌，称之为喷泉（图10-2-4）。

（4）瀑布　从高处向下飞泻流动的水体，称之为瀑布（图10-2-5）。

图10-2-3 动态水体

图10-2-4 室内喷泉

三、室内山石景观

自古以来人们对自然界中的山石景观就抱有浓厚的观赏兴趣，山石景观以其自身所独具的形状、色泽、纹理和质感，被人们选择并运用在室内空间中与植物、水景共同构成一曲室内绿化的交响乐章。室内山石景观在选材中通常包含以下几种山石：

（1）湖石　也称太湖石，因盛产于太湖一带而取其名。岩石中的石灰质由于水的溶解，蚀面凹凸多变，剔透穿孔，如天饰造化。湖石是中国园林中、室内内庭中常用的石材。

（2）房石　也称房山石，房山位于北京之南。其蚀面比湖石的凹凸浅，外形比湖石浑厚。

（3）英石　是沉积岩类中一种石灰岩，蚀面细碎，凹凸多变，以形状玲珑为特点。英石中有种颜色为淡青色的，敲之有声，可叠成小景；另一种色白，石质坚而润，形多棱角，略透明，面上有光，小块可置于几案品玩。石英产于广东英德。

（4）黄石　是沉积岩的一种，属于砂岩。砂岩硬度高，外形浑厚方正，具纹理及多种色彩，有紫红、灰白、黑灰、灰红等色。长江下游一带出产。

（5）青石　也是沉积岩类的一种，该岩石有明显的平行节理，用作山石的青石常呈棱状，因而又名剑石，硬度中上，颜色以灰青色、灰绿色为多见。产地主要在北京一带。

图10-2-5 室内瀑布

（6）宣石　是变质岩石中的石英岩，常由沉积岩中石英砂石变质而成，空隙少，质地坚硬，表面凹凸少，呈块状。宣石越旧越白，像

“云山”一样，可作小块陈设。产地安徽宣城。

（7）斧劈石　是变质岩的一种，属于板岩，质地均匀细密，敲之清脆有声，有明显的平行成行的板状构造。因如神斧鬼劈，造型坚峭，故称斧劈石。产地分布甚广。

第三节　室内绿化的审美特性

一、绿化造景形式分类

1. 主景

室内空间中的绿化主景起控制主调作用，它是核心和重点。不论室内空间的大小，设计时都应主次分明。例如在室内中心的位置、室内轴线的端点、交点上或在视线的焦点上，从空间整体的装饰效果来统一考虑，确定主景的位置。而主景主要以植物、水景、石景共同构成，产生绿化质地的丰富感（图10-3-1）。

图10-3-1　室内空间中的绿化主景

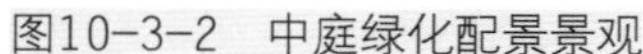
图10-3-2　中庭绿化配景景观

图10-3-3　互成对景的绿色景观

2. 配景

室内空间中，主景是核心，但需要不同位置的绿化分支来衬托和呼应，否则主景便显单调。例如在酒店的中庭设计一处主要的绿化景观，可在入口区域、走廊的拐弯处和休息区域放置植物与之呼应，从而使绿化在空间的过渡中，景断意连（图10–3–2）。

3. 对景

室内绿化置景中位于整体空间中的视线端点所形成的景观为对景。正对景具有庄重、雄伟、气势磅礴的效果。互对景是在风景线的两端同时设立两处景观，使之互成对景，具有相互传神的自然美。互对景没有严格的轴线布置，其目的在于使人们在视线范围之内能看到相互呼应的绿化置景，感受到自然的气息。例如酒店的大堂空间设计、商业空间的设计，以及具有观赏空间的区域均可采用对景（图10–3–3）。

4. 分景

在室内设计中，将绿化景观用于分隔空间的作用，称之分景。它的作用是抑制人们的视线，使其在进入空间后避免对室内空间装饰一览无余，达到欲扬先抑的目的。分景既可以实隔，也可以虚隔。实隔意在遮挡背后的景观；而虚隔则可利用花墙、花架等，营造出深远莫测、似隔非隔的效果，使室内绿化景观在整体方面具有更为强烈的艺术感染力（图10–3–4）。

5. 漏景

漏景是使景观的表现产生若隐若现、含蓄雅致的一种构景方式。采用这种

图10-3-4　似隔非隔的室内绿色效果

图10-3-5　含蓄雅致的植物构景

形式，可使室内空间产生让人意想不到的效果。例如利用通透性较强的植物或湖石的透洞来制造飞瀑效果，在虚实中去体会室内设计中的各种装饰美，会让人感到景外有景，意外生意的妙趣（图10-3-5）。

二、绿化设计形式分类

1. 规则式

规则式又叫整形式、对称式。其主要运用在室内绿化景观本体设计上，呈左右对称式。规则式的景观设计，常给人以庄严、整齐之感（图10-3-6）。

图10-3-6　规则式绿化设计

2. 自然式

自然式也称不规则式。在室内空间中，随空间结构的变化而布置协调的花卉、植物、山石小景，浓缩大自然的美景于室内有限的空间当中。自然式的布置绿化，常给人以自然、清新的感觉，花草、假山、小桥、流水、声、色、香构成欢乐的曲调（图10-3-7）。

图10-3-7　自然式绿化设计

3. 综合式

在室内绿化设计中，往往根据所绿化空间的大小、具体的功能作用来决定采用何种设计形式。综合式是兼有规则式、自然式两种特点的绿化设计形式。

思考练习题

1. 为什么说绿化设计是人在室内环境中的生理与心理需求?
2. 室内环境绿化设计的三大构成是什么？简述其主要内容。
3. 室内绿化设计形式有哪些主要分类?
4. 谈谈你对室内空间绿化设计构成原则的理解。

第十一章
室内生态环境设计原则

PPT课件，请在计算机上阅读

第一节　高标准、高效率原则

一、高标准原则

为了充分利用好室内的空间并且有效降低装修成本，对室内声环境、光环境、热环境、材料使用、绿植选用等方面提出了较高的标准，才能保证室内装饰达到预期甚至是更好的设计效果。

由于室内生态环境设计是现代室内设计发展的新趋势，依据生态学的概念和原则对其制定原则，首先要对内部功能环境的实际需求进行合理分析；其次，设计师必须要有环境保护意识，尽可能多地节约资源，少制造装饰垃圾，让人们最大限度地接近更为环保的室内空间环境，以满足人们对生态装饰环境的要求。所以，走生态的道路必须要有高标准的要求才能提高室内生态设计的方法，为今后的设计实践提供有意义的思路，推动现代室内设计向更高层次发展。

二、高效率原则

随着室内设计进程的加快，设计更为准确有效的方案对于室内设计师而言尤为重要。高效率指的是对高效空间的追求、贯彻和提高，根据理念和特征意识进行合理的分析，不断完善设计内容，与设计环境建立更为有效的联系，并对设计过程中所产生的问题进行高效的分析和探讨，这对方案的调整和最终设计效果的呈现有着至关重要的作用。

另外通过高质量的设计、材料、构造和构件之间的全面协调，装修形式与新技术、新材料之间的平衡，倡导的是环境保护、资源与能源的高效利用，在设计上尽可能多地利用环保高效的装饰材料和可再生资源，本着高效节能的原则，尽可能地让人们接近生态环境。

三、室内生态环境设计原则

室内生态环境设计本着人与自然协调发展的原则，体现人、室内环境与自然生态在功能设计方面的价值。一般来讲，生态是指人与自然的关系，生态环境设计就是提供人们生活和工作在其中具有生态化的空间环境。就室内生态环境设计的特点而言，则包含了以下几种原则。

1. 注重自然原则

尊重自然是生态设计的根本，是一种环境共生共识的体现。要求设计人员正确处理与环境的关系，正确认识设计师自己也是环境中的一部分，给予生态环境更多的关心和尊重（图11-1-1）。

图11-1-1　生态餐饮空间室内一角

2. 生态环境与使用者沟通原则

室内空间作为联系使用者与生态环境的桥梁，应尽可能地将生态元素引用到使用者身边，它也是生态设计的一个重要体现。例如，生态理念引入室内空间环境将不再是冷漠的，将给人们生活带来崭新的内容，包括来自室外花园的新鲜空气、充满生机的绿植及太阳光线的射入。在这样的自然生态环境中生活与工作，会使人们更加身心愉快、精力充沛，更加充满活力。因此，对于生态元素的引入，增强使用者与生态环境的沟通，是室内生态设计塑造的目标（图11-1-2）。

图11-1-2　充满生态气息的交流空间

3. 集约化原则

在集约化整合过程中，对于空间节能和生态平衡来说，应减少各种资源和材料的消耗，提倡3RE原则，即减少使用（Reduce）、重复使用（Reuse）和循环再生使用（Regain）（图11-1-3）。

图11-1-3　生态办公空间

4. 注重本土化原则

注重本土化原则首先应考虑当地人或是传统文化给予设计的启示，都必须建立在特定的地方条件的分析和评价基础之上。其次应对地域气候特征、地理因素、延续地方文化和地方风俗等进行深化剖析，并充分利用地方材料，从中探索利用现代设计理念和方法，通过现代装饰技术与地方适用技术相结合的方法进行空间环境设计（图11-1-4）。

图11-1-4　某民宿室内环境设计

5. 注重生态美学的原则

生态美学是当代美学的一个新发展，按照美的规律，为人类营造和谐、平衡和诗意的生活环境，这包括对自然、社会、文化环境的审美观照。而在传统审美内容中增加了生态标准因素，它提倡追求一种和谐有机的美。在室内环境设计中，则强调自然生态之美，简洁而不刻意雕琢的质朴之美。同时还注重人类在遵循生态规律和美的法则前提下，运用科技手段加工室内环境空间，创造人工生态之美，这种原则带给人们的不是一时的视觉震惊，而是持久的精神愉悦（图11-1-5）。

6. 倡导资源的节约和循环利用

当下室内生态设计在使用和更新过程中，注重对常规能源与不可再生资源的节约和回收利用，对可再生资源也要尽量低消耗使用。设计中一般考虑实行资源的循环利用，这是现代室内生态装饰设计得以持续发展的基本手段，也是室内生态设计的基本特征（图11-1-6）。

图11-1-5 传统农舍改造的某度假酒店

图11-1-6 自行车文化奶茶店

第二节 健康环保原则

一、健康环保含义

就健康环保的定义来讲，健康既指人的健康，包括生理健康和心理健康两个方面。而环保则指的是对生态环境的保护，这其中可分为两个步骤，首先减少对环境的破坏，然后才能谈得上对环境加以保护。环保的作用自然不用多说，作为室内设计师应顺应这一趋势，在设计中充分体现健康环保的理念，也是遵循科学可持续发展的原则。

对于人们所生存的空间环境进行艺术性的再造设计，达到优化环境使其更适宜人类生存的目的，还需要根据使用环境和条件进行合理的选材，发挥每一种材料的长处，并材尽其能、物尽其用，这样才能达到现代室内设计的各项要求。

所以，健康环保作为现代人倡导的主要生存原则，无疑成为室内生态环境设计的必要前提而贯穿其始终。只有真正符合健康环保、健康舒适要求的设计才可称之为真正意义上的现代室内环境设计（图11-2-1）。

图11-2-1 LOFT生态空间环境

二、健康环保的设计原则

在设计领域中对于空间的合理使用、环保材料的运用及装饰过程中如何少产生废弃物，具体说还包括以下五个原则。

图11-2-2 “绿色十环”标志

图11-2-3 局部硅藻泥肌理墙

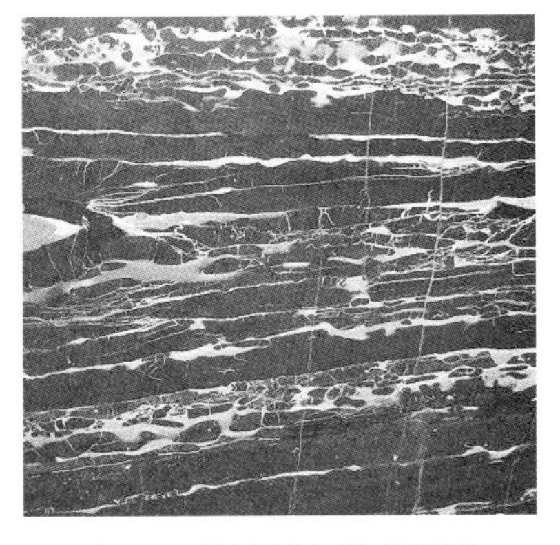
图11-2-4 银白龙天然大理石

1. 健康原则

环保设计的健康原则即指室内装饰装修用材需符合人体健康指数。在设计中应优先选用“绿色十环”标志材料（图11-2-2）。

2. 生态原则

生态原则是指在设计中需充分考虑室内环保设计与外部生态环境的一致性，并确保室内环保效应的可持续性。

3. 节能降耗原则

针对目前我国室内装饰业能源消耗过大问题，在室内设计中必须充分考虑节能降耗措施的利用，以确保在降低能源消耗的同时，节省成本投入。

4. 美化原则

室内设计的美观度直接影响居住者的居住体验，在室内环保设计中应充分运用色彩、空间、采光、布局等方式，使室内装饰装修得到美化。

5. 经济原则

在最大限度确保室内设计符合环保理念的基础上遵循经济原则，降低成本，提高经济效益。

三、健康环保与材料的选择

装饰材料的选择是室内装饰设计的重要环节，一些危害人健康的装饰材料会像隐形杀手一样进入室内生存空间，将直接影响着设计空间的健康环保与安全性。自“非典疫情”“雾霾天气”“甲醛超标”“材质辐射”等现象的出现，人们健康环保的意识大大增强，也更加重视室内装饰质量带来的健康影响。一些影响环境质量的装修材料应逐渐被淘汰，逐渐为环保型材料所取代。例如环保硅藻泥装饰墙面，不但无害而且还具有杀菌、稀释甲醛等功能，对于改善室内空气质量和生存环境具有重要意义（图11-2-3）。这说明装修材料在满足人们对装饰质量和美观基本要求的同时，还能通过自身特性功能的实现来满足人们对舒适度的要求，其实在很大程度上也实现了节能化。再如天然的大理石具有很强的放射性，运用在居住空间的设计中会对人的健康有潜在的威胁（图11-2-4）。也包括装修中常常被用到的多层夹板、细木工板、奥松板等板材，甲醛是作为黏合剂的重要成分隐藏在板材的夹层中，随着室温的上升，甲醛释放到空气中的浓度就会增加，长期处于这样的环境会对身体的损害都是致命的。

当然，影响健康环保质量的因素有许多，如设计选料、材料等级、材料采购、造价成本等方面均会成为影响健康环保的因素之一。针对此问题，国家近几年相继发布了《民用建筑工程室内环境污染控制规范》和《室内装饰装修材料有害气体限量标准》。自规范出台以后，建材企业调整生产工艺和设备，开始按国家规定生产符合标准的材料产品，建设单位也积极选用符合标准的材料产品，施工单位按照标准采购合格环保的装饰材料进行施工，质量监督部门也按规范验收工程，这些情况使得建筑装饰工程对空气污染和材质辐射的程度大大降低了。但在某些工程中，虽然采用了符合标准的装饰材料，但空气质量却超过了《控制规范》的限量，原因有以下三种情况：

第一，能释放有害物质的装修材料用量较多；

第二，空气换气量不足；

第三，施工时未对有害材料进行密封处置，特别是油漆类材料。

总之，装饰材料在室内设计中具有非常重要的作用，加强对其研究是非常有必要的。特别是在室内设计中的生态环保策略上，要根据不同的材料进行不同净化处理，其净化方法和手段也同样有所区别。因此，要加强装饰材料的生态环保必须要求有关人员有针对性地进行处理，如对天然石材的使用需要检测其中的放射性情况，严厉禁止使用放射性较强的物质。装饰材料的污染控制必须要求对有害物质进行严格检测，然后要做好室内通风、行业空气净化等工作，及时将有害物质排出室内，减少对人体的伤害。

第三节　木桶效应原则

一、木桶效应原则概念

“木桶效应”（Cask Effect）原是经济学术语，又称水桶效应、木桶原理、木桶定律、短板效应、木桶短板理论。在室内环境设计系统中，系统功能的理想设计不取决于系统中最强最优的环节，而是取决于最薄弱的环节，就像一个由许多块木板箍成的木桶，当木板长短不齐，那么木桶的盛水量不是取决于最长的木板，而是取决于最短的那一块木板。也就是说，要想多盛水，提高木桶的整体效应，不是增加最长木板的长度，而是要下功夫修补那块最短的。这就是木桶理论，又称木桶效应。

系统整体的结构机制决定了功能环境设计，室内生态化设计的优势就在于其优良的性能和效益，因此在设计中设计师应放眼全局，统筹兼顾，多元并举，扬长避短，致力于完善优化系统设计寻求整体上的突破。

二、木桶效应与室内生态环境

从室内生态环境来讲，环境状态是影响人们健康的一大因素，包括自然环境和社会环境。所谓自然环境是一种生态系统，是人类赖以生存的物质基础。生态破坏与环境污染必然对人体健康造成危害。这种危害与其他因素相比，具有效应慢、周期长、范围大、人数多、后果重的特点。而社会环境是一种复杂的因素，包括政治、经济、科学、文化等因素。如上述因素呈现出良好的适宜和稳定状态，那么就会起着促进、推动作用；相反，就会产生消极作用。

第四节　时效、实效原则

一、时效原则

指在一定时间段内能够准确发生或把握住价值属性的效用，同一件事物在不同的时间里会有性质上的巨大差异，而这个时间差异性称为时效原则，它本身也包含着对效果的把握。时效性原则其实还包含了两个层面的含义，一是时间性，或者叫时新性；二是指时宜性，最佳时机。所以时效原则影响着决策的生效时间，在很大程度上也制约着决策的客观效果。可以说是时效决定了决策实施在哪些时间内有效，是否符合当代的趋势需求，避免设计过时。

二、实效原则

实效原则指的是设计实际实施的可行性和实施效果的目的性。实施的可行性是方案在创意、设计、理念以及使其操作的可行性，而实施效果则是实质设计目的的到达程度或结果。设计中的实效原则讲求以下两点内容：

第一，实事求是，量力而行，所做的设计具有可行性和可操作性。

第二，实施的方法必须具有显著的效果，不能纸上谈兵，不能最终一个结果都没有，浪费人力物力的同时也浪费了时间，超出工作计划安排，又谈何实效率。

总而言之，该原则方法在宏观上切合实际的同时还具有不错的效率和效果，试图要表现的事物实际上是真正要设计的内容。其中，验证的有效性指实际的设计正是我们试图要表现的内容，也是增强时效性的根本目的，是检验时效性的重要标志。讲求“实效性”，本身就包含着对“时间”的追求。

三、时效性与实效性的应用关系

“时效性”与“实效性”的应用关系并不是将二者割裂开来的，而是相互作用，相互联系的。在不同的情况下，时间性和时宜性都会对设计的实效性产生作用。以房产开发的样板房设计为例，它是一种误导性空间环境设计，追求的是一种短时效益，却具有“高效的时效性”，引领着人们生活方式的取向。通过对内部空间内容的更换，将普通的买卖关系演变为多元化的信息传递关系，向外界传递着物质的一种生活方式，诱使消费者幻想着自己美好未来地满足感，完成了一次所谓“风格”的确立。但对整个设计行业、室内设计风格的构建却没有任何真正的意义。

1. 简述室内生态环境设计有哪几种原则。
2. 为什么要遵循健康环保的设计原则？简述其主要内容。
3. 什么是木桶效应？简述其原则内容是什么？
4. 简述你对时效原则与实效原则应用关系的理解？

第十二章
室内环境设计作业训练步骤介绍

PPT课件，请在计算机上阅读

第一节　确定选题

确定选题的主要目的是为了培养学生在丰富多彩的室内空间环境功能的分类中，选择具有针对性的设计内容，运用所学设计理论与思维方式，进行选题内容的宏观把握，这一步骤是室内环境设计作业训练的前提。在选题的过程中，还要发挥学生的主动性和积极性的一面，要体现出选题的新颖性、应用性、创造性、人文性的特点，要使每位同学在选题确定之后，可根据具体功能的要求，进行创意概念的定位。

通过确定选题可以拓展学生所学的基本理论和专业知识，培养学生综合应用、独立分析实际课题的能力。设计选题的方式有以下两种：一是课堂命题设计，由教师根据教学大纲的阶段性训练目的提出模拟课题，学生根据室内空间的功能性要求进行装饰设计。二是实际工程的招标命题，这是由教师结合社会招标室内装饰工程，给学生提出的实际设计命题。这种命题方式，要求学生直接按照招标方提出的具体设计要求，通过现场勘察和与甲方的交流，来完成室内空间环境设计的装饰内容。

第二节　创意概念定位

在设计实践过程中，创意概念的定位是室内环境设计作业训练的第二步。在确定选题之后，学生通过对室内空间的功能要求和有关装饰内容的研究，逐步深化了对设计对象的认识，从而具备了创意概念定位的条件。就创意概念本身来说，是感性认识逐步上升到理性认识的过程，是对室内装饰风格、历史文脉、空间组织、室内色彩、室内光环境、装饰形态、形象元素、设计语言等的初步定位。创意概念的定位也是整体设计方案思维过程的开始。

室内设计中的概念定位往往会与装饰风格、设计流派、家具陈设的表现形式紧密结合在一起，有时也与相应时期的造型艺术、文学、音乐等其他艺术学科有关。创意概念的形成，也是不同时代思潮和地域特点的结合，通过设计者的构思和定位，逐渐形成独特的设计概念。在室内空间设计的创意概念定位过程中，有时不可能回避流行风格的影响，当然设计师也可能会以自己的设计风格去影响流行趋势。

创意概念定位通常包含以下几个主要内容：

（1）室内设计装饰风格概念的定位

在设计过程中，选择何种装饰风格对于设计师来说是一个非常重要的概念定位。设计师应把握时代气息及设计潮流，创造出具有独特魅力的个人风格，将空间艺术的各种处理手法和设计语言的运用与设计风格完美地统一起来。

（2）历史文脉的定位

由于不同地域、不同历史文化所带来的影响，不同环境的设计通常具有一定的文化及社会发展的内涵，同时还包括人们生活的习惯及人文因素和自然因素，在设计定位中要认真研究其历史文脉对室内设计带来的影响。

（3）空间组织的定位

室内空间形态的设计定位必须符合特定的空间使用功能，以及人们的审美心理感受，特别是室内布局形式的组织安排。

（4）室内色彩的定位

色彩和人们的生活紧密相关，它不仅要满足人的心理与生理两方面需要，同时也对室内环境空间设计的艺术氛围具有重要的审美意义。

（5）室内光环境的设计定位

完美的室内照明，应当充分满足功能和审美两方面的需求，光环境的设计对于人的情感会产生积极或消极的影响。所以光环境的设计定位成功与否直接影响到室内各个界面的设计表现。

（6）设计语言的定位

在空间形式设计中，要运用不同形态的点、线、面形式语言来表现空间中的造型，形成特定的形式美表现符号，增添空间设计的艺术性。

（7）装饰材料与施工工艺的初步定位

材料的选择和施工技术也是室内设计中的一项重要工作，它有助于整体方案的完美实现。

第三节　方案讲评

方案讲评是老师对学生作业过程的跟踪与评价，也是确定设计方案深化的重要一步。同时可以促进学生的积极思考与深入的研究，体现因材施教的原则。方案讲评由四个部分组成：

（1）通过对室内设计项目的深入研究和前期的准备工作，并按照选题与创意概念定位的要求，学生讲述自己的草案设计过程。其目的是启发和开拓学生的创意思维面，让学生通过自己的介绍认识到自己是这套课题设计的主宰者，增强自信心，为下一阶段的深入设计奠定一个很好的基础。

（2）老师根据每位同学的草案进行讲评，提出指导性的建议，让学生有一个更好的分析解决实际问题的过程，这一阶段也是学习者进行深入完善设计方案的重要前提。老师和同学都可以就该同学的初步方案提出自己的看法和建议，老师应对每个学生在草案介绍中出现的问题有针对性地进行指导和启发（图

12-3-1）。

（3）当课题设计进行到中期时对整套方案进行讲评，此时设计方案已经深化，方案设计中的功能与形式的问题不断出现，讨论的主要形式是要求学生进行“角色转换”，即把自己当作设计方案的审美者，来进行设计内容和设计表现形式的体验，找出设计中的不足。如室内设计中的空间设计，你作为一个使用者是否会感到空间的人性关怀和舒适。这一方式的讨论会让学生真正在设计过程中体现“以人为本”的设计理念和对设计细节的深入化研究。

（4）在设计方案基本结束时进行的综合讲评。由老师对每套方案的个性闪光点和不足之处分别进行讲评和总结，并对设计中出现的有关技术工艺性能和审美观点用发展性的科学态度做出指导性评价。

总之，方案讲评最主要的是可以帮助学生深入细致地分析在设计过程中所出现的问题，进行细致深入的分析，特别是在室内的功能分区、设计的形式与风格、家具的形式与布置、装饰形态及材料选择等方面进行整体的深化调整，确保创意概念的准确表达。对学生来说，方案的讲评过程，可帮助其从抽象的思考进入具体的图式过程，使方案在不断的修改中趋向完整，最终运用形式美设计语言分别绘制出整套方案的施工图和表现图（图12-3-2）。

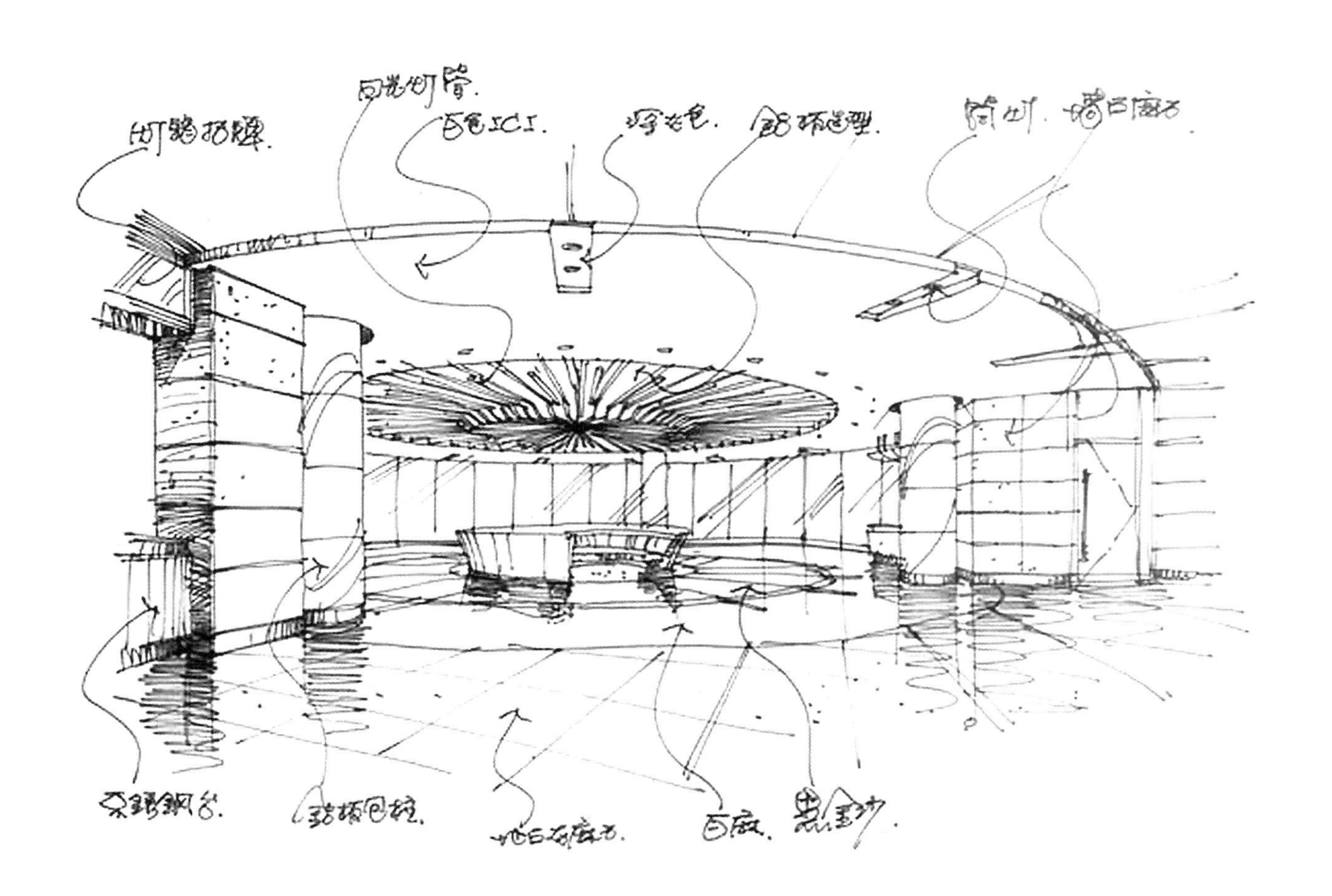

图12-3-1　休息大厅设计方案草稿

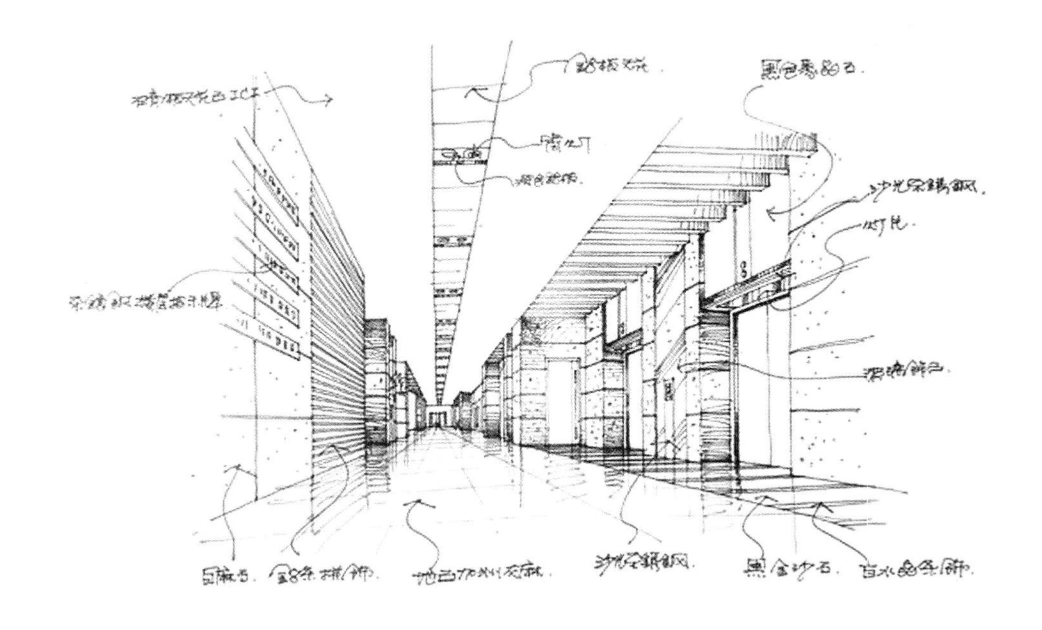

图12-3-2　公共空间电梯廊设计方案草稿

第四节　施工图方案设计

在前期准备工作及草案绘制的基础上，用图式的方法将具体的内容和形式落实到图纸上。施工图是指室内设计从方案到最后实施阶段的技术性图纸，它要求以符合国家规范的方法绘制出室内设计的各个部位和构造。施工图也是设计者用设计的语言向施工者表达设计意图，把最终的设计构思经过修改和核准后，按适当的比例绘制成正式的施工图设计方案。按照设计的要求，室内设计方案的施工图绘制内容通常包括：

（1）总平面图（如果设计包括同一楼层，不同位置的各个室内总平面是必需的；如果有几个楼层，还需要相关楼层的总平面图），通常的比例是1：100以上（图12-4-1）；

（2）各个室内的平面图（包括家具的布置），通常的比例是1：100（图12-4-2）；

（3）各室内不同方向的剖面图或立面展开图，可表示室内各个立面的装修设计情况、家具的形式及装修做法的重要图纸，其比例通常与相应的平面图一致（图12-4-3）；

（4）天花平面图，能表示出室内灯具、天花吊顶设计、空调出风口位置等状态，通常采用与平面图相对应的比例（图12-4-4）；

（5）总平面拼装图，要表示出地面拼砖的形式及做法，通常的比例是1：100以上（图12-4-5）；

（6）根据结构需要绘制剖面图，剖面图用以表示方案内部的结构或构造形式、分层情况和各部位的联系、材料及其高度等，是与平、立面图相互配合的不可缺少的重要图样之一（图12-4-6）；

（7）局部大样节点详图，它是用较大的比例将其形状、大小、材料和做法，按正投影图的画法，详细地表示出来的图纸（图12-4-7）。

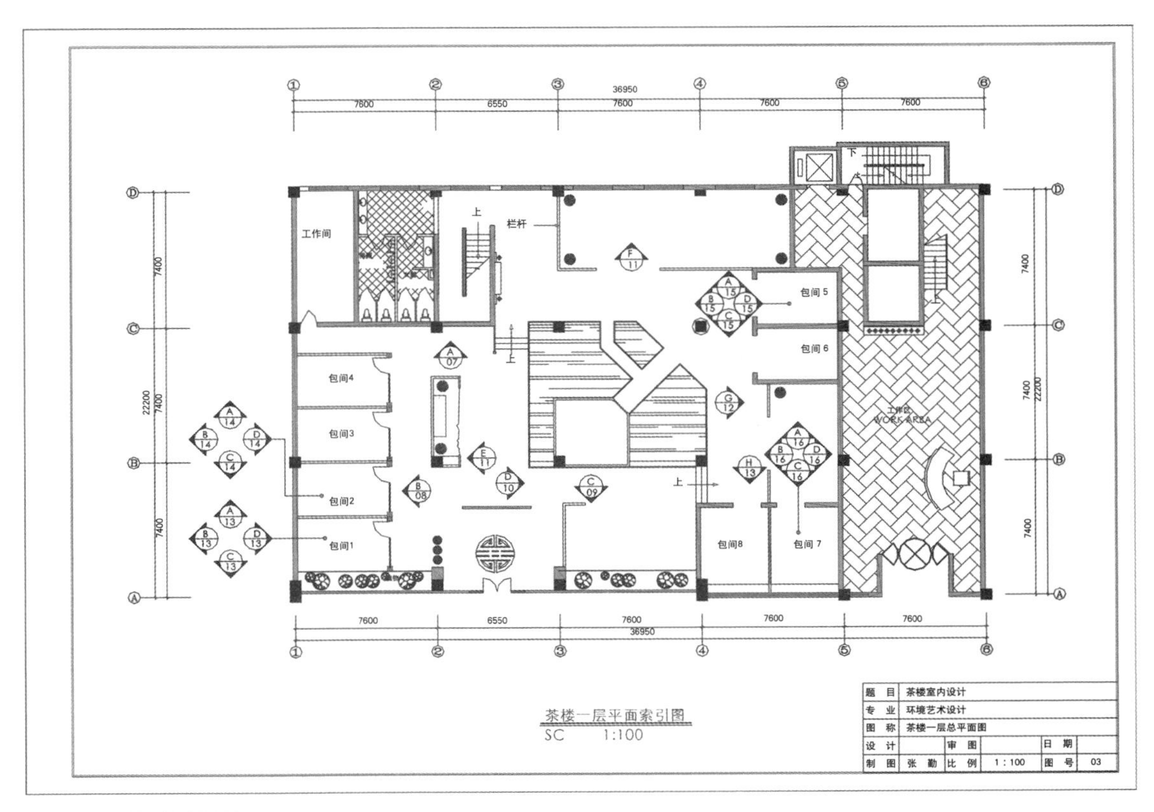

图12-4-1 总平面图

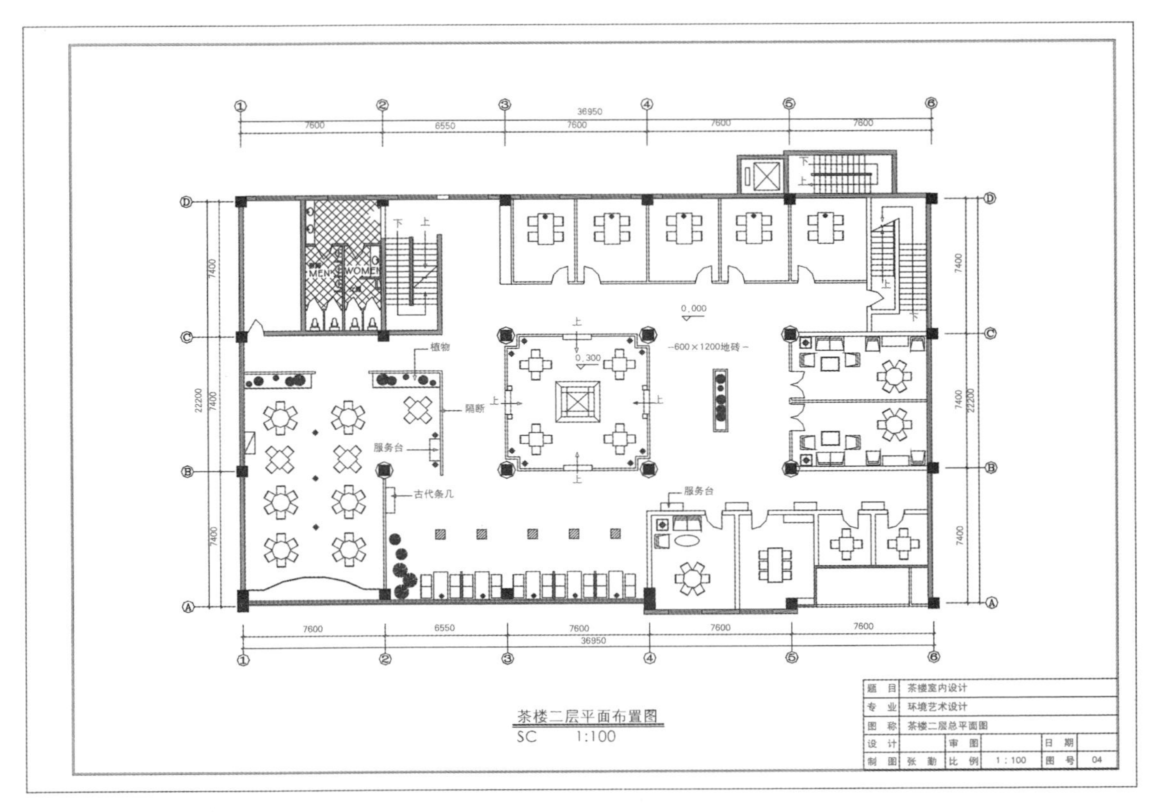

图12-4-2 室内平面图

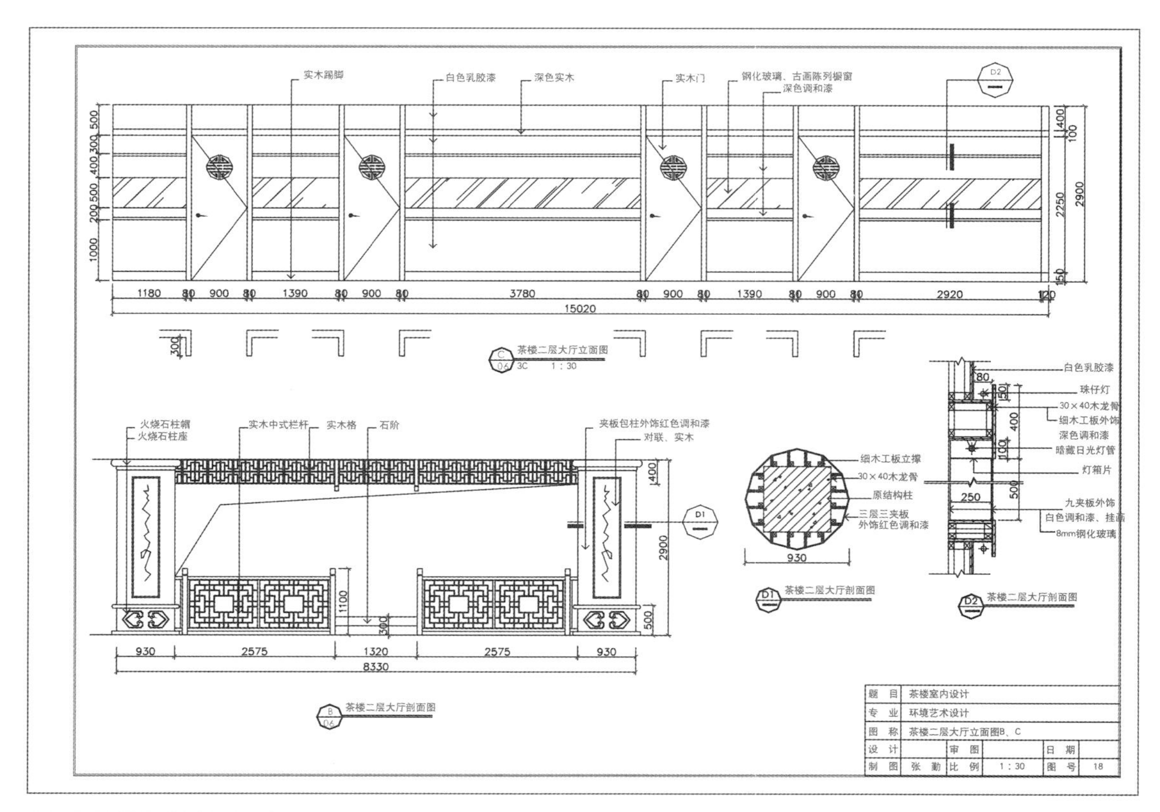

图12-4-3 立面展开图

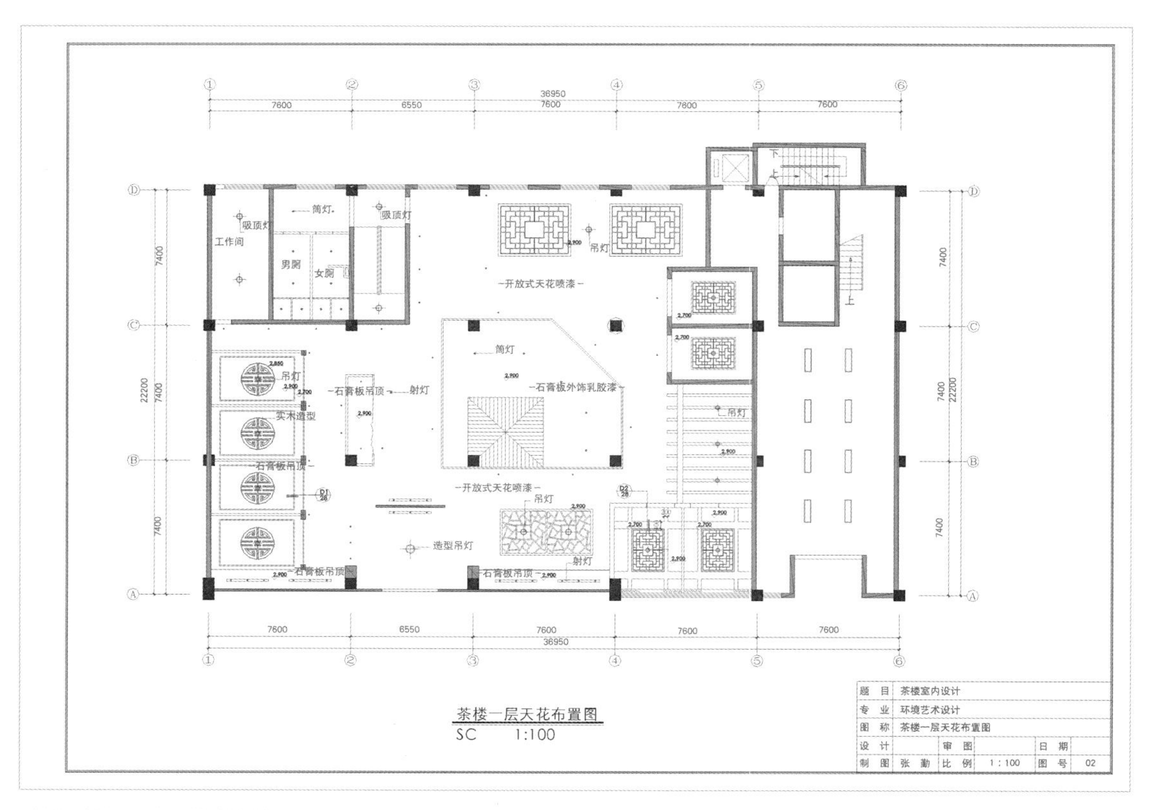

图12-4-4 天花平面图

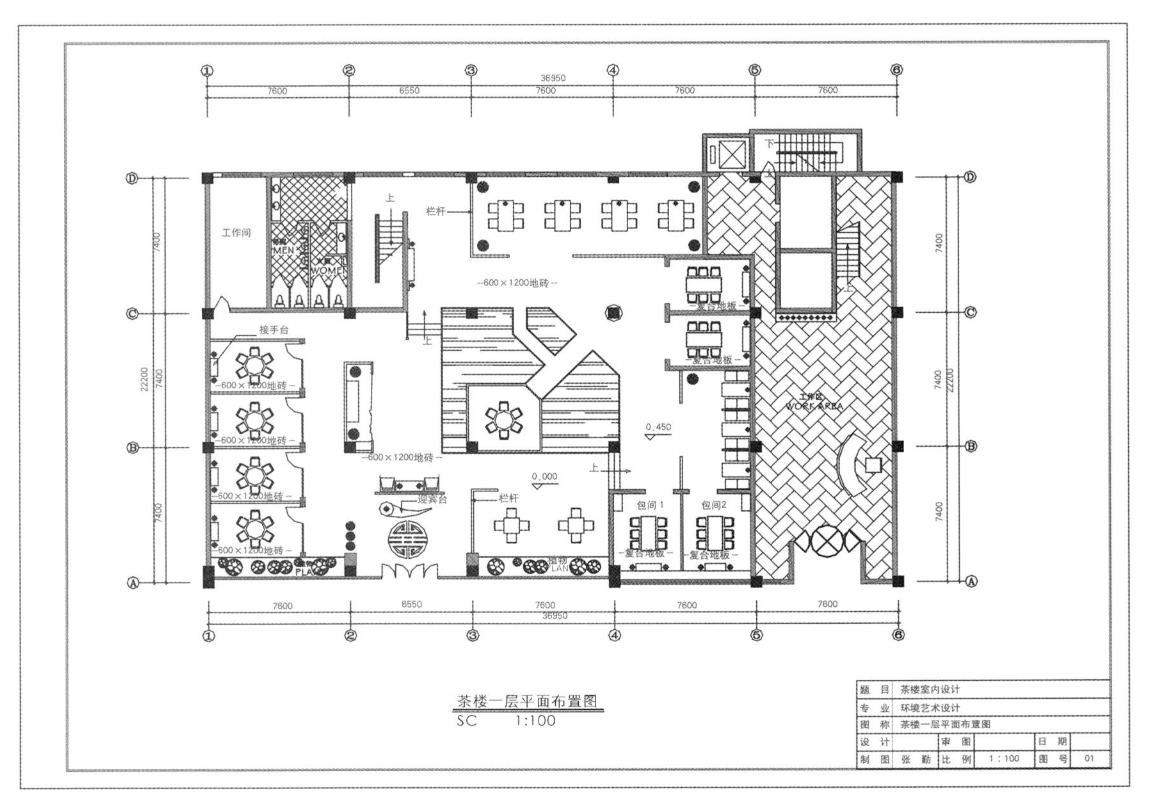

图12-4-5　总平面拼装图

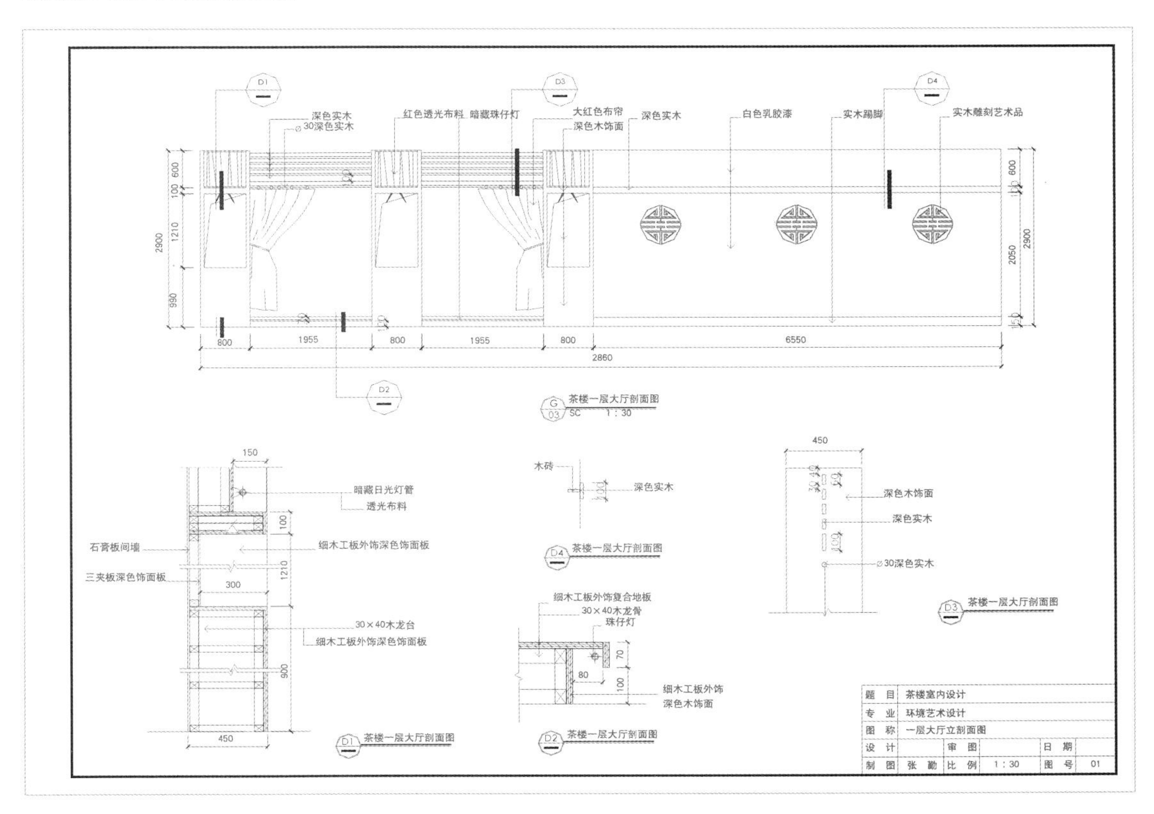

图12-4-6　剖面图

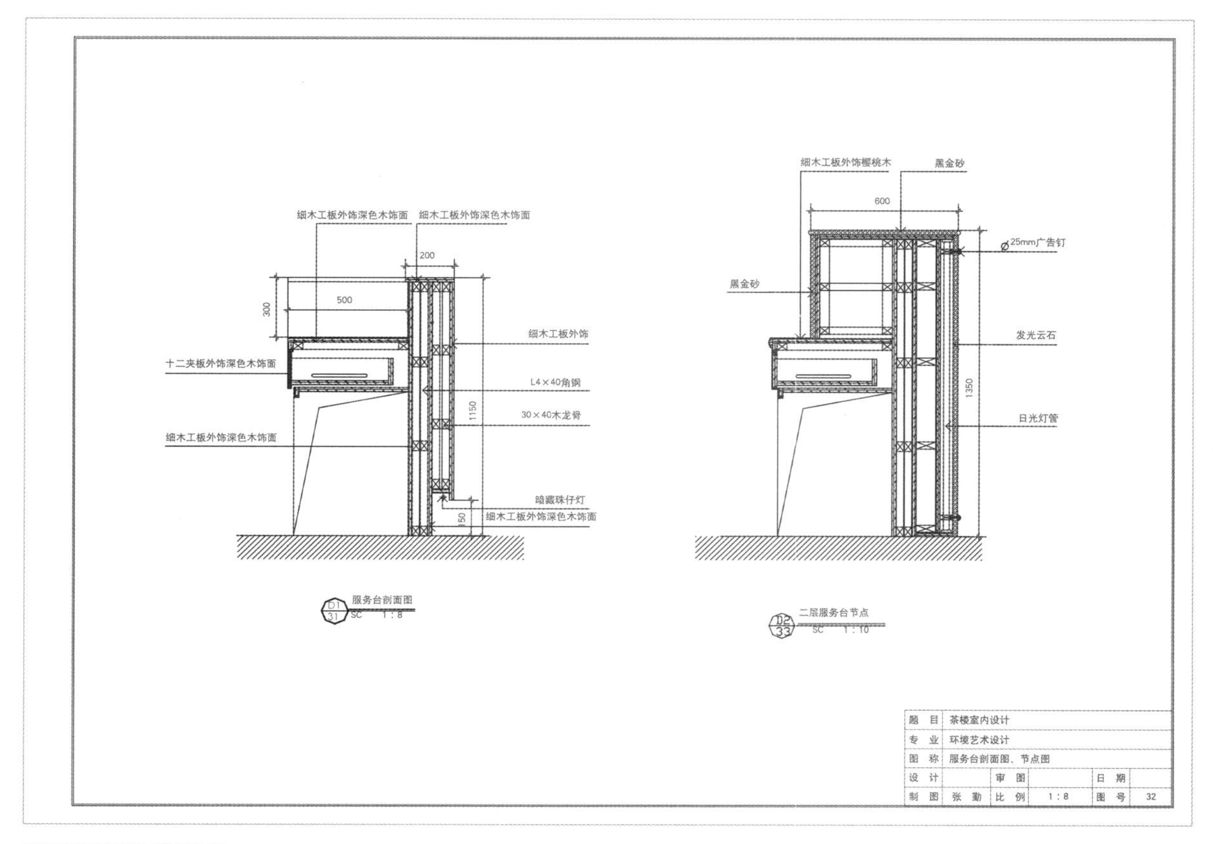

图12-4-7 节点图

第五节 表现图设计

表现图是整个设计方案的最后一个步骤，也是创意构思的直观体现。一幅好的室内透视表现图应是设计师设计能力与绘画技能的结晶，也是综合艺术修养的体现。虽然表现图的方法与风格是多样的，但有些基础表现能力则是共同的、必备的。表现图设计常常称其为“室内设计预想图”或“室内效果图”，通过其三维空间的立体表现，使设计者将完整的创作方案呈现给审美者。

在室内设计中与平面图、侧立面图有所不同的是，表现图是在平面基础上表现出“三维”空间的效果，也是在设计过程中表达整体设计构思及意图的最终表现形式。

1. 手绘效果图

要成为一个优秀的室内设计师，应娴熟的掌握各种手绘表现技法，无论是空间的处理、家具陈设的布置、室内色调的运用、整体风格和气氛的营造都是一张优秀表现图的重要内容。而以上内容的表现要通过严谨科学的透视技法表现出来。手绘表现图是由多种表现技法组成的。常用的技法有如下几种：

（1）线描类表现技法；

（2）线描加渲染表现技法；

（3）水彩渲染表现技法；

（4）水粉表现技法；

（5）马克笔（Marker）表现技法；

（6）喷绘表现技法。

（图12-5-1至图12-5-3）。

2. 电脑辅助制图

电脑辅助制图是全新的数字化制图手段。利用计算机软、硬件本身所具备的多功能生成的效果是传统效果图表现技法所不能企及的。数字化设计制图与传统手绘最大的区别是运用光电数码技术表现设计构思，尺寸表达准确、色彩艳丽多姿，并具有超现实的能力，使设计表现手段更加丰富。另外还大大降低了设计的劳动强度，使设计者在技术与艺术协调以及整合过程中体验着一种全新的构思和创意感受。其表现特征有：快速、高效、规范、准确、真实等。

常用的设计软件很多，如“AutoCAD”“3DS MAX”“3D VIZ”“Lightcaps”“CorelDRAW”“Photoshop”等，其中“3DS MAX”具有强大的建模能力，“Lightcaps”则具有数字化的渲染能力，“Photoshop”是后期效果处理最有影响的软件之一。

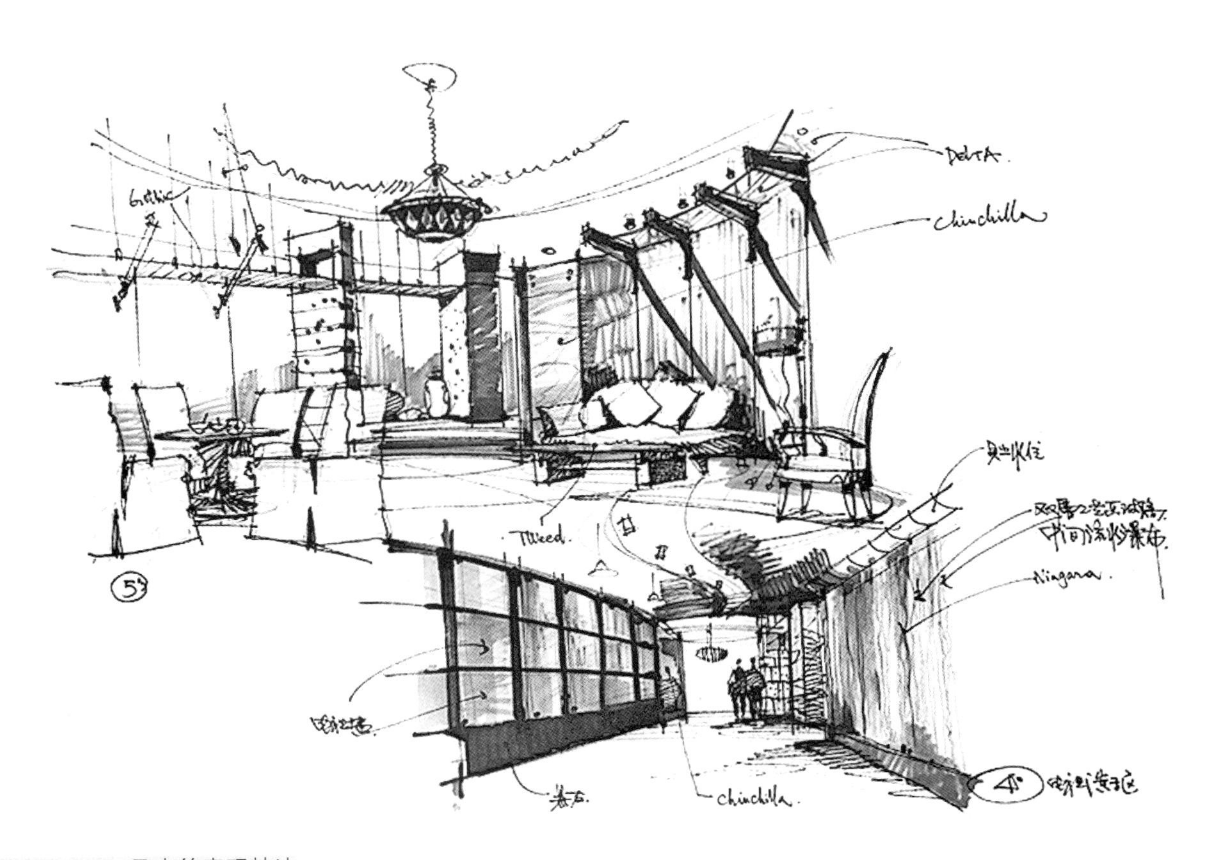

图12-5-1　马克笔表现技法

图12-5-2 线描加渲染表现技法

图12-5-3 水彩渲染表现技法

思考练习题

1. 简要叙述室内环境设计步骤。
2. 自拟200~300平方米家居室内空间或办公空间进行室内环境设计练习。

参考文献

REFERENCES

1. 侯幼彬著. 中国建筑美学. 哈尔滨：黑龙江科技出版社，1997
2. 〔美〕约翰·派尔著，刘先觉等译. 世界室内设计史. 北京：中国建筑工业出版社，2003
3. 来增祥，陆震纬编著. 室内设计原理（上、下册）. 北京：中国建筑工业出版社，2003
4. 王东辉著. 现代室内设计. 石家庄：河北美术出版社，2000
5. 李凤菘编著. 透视 制图 家具. 北京：中国纺织出版社，1997
6. 陈长生主编. 室内设计. 广州：岭南美术出版社，2005
7. 汤重熹编著. 室内设计. 北京：高等教育出版社，2003
8. 朱淳，周昕涛编著. 现代室内设计教程. 杭州：中国美术学院出版社，2003
9. 李继业，刘福臣，盖文梯主编. 现代建筑装饰工程手册. 北京：化学工业出版社，2006
10. 张绮曼主编. 环境艺术设计与理论. 北京：中国建筑工业出版社，1997
11. 李砚祖著. 环境艺术设计. 北京：中国人民大学出版社，2005
12. 吴剑锋. 生态家具设计的新思维探析［J］. 家具与室内装饰. 2009，215014：24-25
13. 钟明峰. 材料生态设计［M］. 北京：化学工业出版社. 2006
14. 胡景初. 开发生态家具促进绿色消费［J］. 家具与室内装饰. 2002，(6)：12-14
15. 杨志伟. 室内生态设计的原则及设计方法探析［D］. 天津：天津大学建筑学院，2009
16. 周浩明著. 可持续室内环境设计理论［M］. 北京：中国建筑工业出版社，2011
17. 程相占. 美国生态美学的思想基础与理论进展［J］. 北京：文学评论 2009，1

18. 何亮. 从生态室内设计谈室内环境的创造［J］. 成都：四川建材2009. 3

部分插图引用书目：

1. 澳大利亚IMAGES出版公司编，李相杰译. SOCIAL SPACES公共空间. 大连：大连理工大学出版社，2005
2. 韩国建筑世界株式会社编，李家坤译. 酒店空间. 大连：大连理工大学出版社，2003
3. 韩国建筑世界株式会社编，孔磊译. 教育、福利空间. 大连：大连理工大学出版社，2002
4. 深圳市金版文化发展有限公司主编. 酒店空间. 长春：吉林美术出版社，2005
5. 梁启凡编著. 环境艺术设计 家具设计. 北京：中国轻工业出版社，2001
6. 廖诚编，金霑摄影. 空间设计 水疗 按摩. 沈阳：辽宁科学技术出版社，2004
7. 陈慈良编，刘圣辉摄影.SPA与休闲中心. 沈阳：辽宁科学技术出版社，2004
8. 卞际平编.医院与诊所室内设计.杭州：浙江科学技术出版社，2004
9. 唐婉玲著. 香港室内设计之父 高文安. 上海：同济大学出版社，2005
10. 中国建筑学会室内设计分会编. 中国室内设计大奖赛优秀作品集公共建筑篇. 天津：天津大学出版社，2003
11. MATTEO VERCELLONI. OFFICES FOR THE DIGIALAGE IN USA. PRINTED IN SINGAPORE: BACHELOR PRESS LIMITED, 2002
12. 千图网http://www.58pic.com
13. 昵图网http://soso.nipic.com
14. 站酷网https://www.zcool.com.cn